金属間化合物の電子構造と磁性

― 3*d*-pnictides を中心として ―

望月和子・井門秀秋・伊藤忠栄・森藤正人

大学教育出版

序　文

　我が国における磁性研究の草分けとして知られているのは，本多光太郎先生である．先生は現在の東北大学金属材料研究所で多くのお弟子さんを育て，彼等と共に日夜精力的に実験研究を推進された．先生亡き後は，先生の教えを受けた本多スクール出身の優れた方々によって研究は引き継がれ，とりわけ実験面で多くの成果を上げている．実験の対象となる物質も金属，合金から遷移金属や希土類元素を含む化合物へと広がり，各種の新しい実験手段を開発し，それを用いた測定を行い，現在では世界における磁性研究の中心として発展を続けている．

　また理論面では，永宮，芳田，久保の著名な諸先生方を中心とした多数の理論物理学者により，活発な研究がなされてきた．我が国における磁性の理論研究では，単に測定結果の解釈にとどまらず，新しい現象を実験にさきがけて予言し，実験家を刺激して強力な協力関係を築くことに力を注いでいる．現在では世界の磁性研究をリードし，指導する役割を果たしている．

　物質の磁性を担う電子は，$3d$ または $4f$ 電子である．したがって，これらの $3d$ または $4f$ 電子が，原子にとらえられている傾向が強く局在電子と見てよいか，または結晶中を動き回る遍歴性が強く遍歴電子と見られるかによって，測定結果の解釈をするための理論を築く上で大きく理論的扱いが異なってくる．前者の場合は局在モデルで，後者の場合は遍歴モデルに立って，理論を構築する必要がある．本書では，$3d$ 遷移金属元素（Cr, Mn, Fe, Co, Ni）とプニコゲン元素（P, As, Sb, Bi）の 1:1 と 2:1 の NiAs 型（および MnP 型）化合物と，Cu_2Sb 型化合物を主として取り上げる．これらの化合物の研究は，実験，理論ともにわが国の研究者によって古くから活発に研究が行われており，

実験家と理論家の協力関係は極めて強い．本書の前半では主として実験研究を，後半では主として理論研究について述べる．

実験編では $3d$ 金属（M）とプニコゲン（X）より構成される MX および M_2X のタイプの金属間化合物ならびにそれらの混晶の磁性に関する実験的な側面を紹介する．これらの化合物は，本編で重点的に説明しているように，温度，磁場，外部圧力，混晶の場合は組成，などの変化に対して急激な磁性の変化（相転移）を示すものが多く見受けられる．この意味でこれらの物質群は磁性研究の宝庫であり，開拓されたとはいえ，実験的にも理論的にもまだ未開の密林の姿を多く残しているし，さらに将来の磁気応用の分野に対しても何らかの可能性を秘めているようにも思える．実験編の第1章では MX および M_2X と表記される $3d$ プニクタイドの多結晶作成法，結晶構造および特に MX 化合物の状態図的な事柄が説明される．第2章では NiAs 型，MnP 型および Cu_2Sb 型結晶の基礎的な磁性（磁気変態点や磁気モーメントおよび磁気的オーダーなど）が概観される．第3章は化合物毎の各論であり，実験編の中核である．3-1～3-6では MX タイプ（NiAs 型または MnP 型構造）の化合物で最も重要と思われる M=Mn, Cr の場合の混晶を含めた化合物についてかなり詳しいデーターを紹介し未解決の問題点をなるべく指摘するようにした．MnAs などでは現象論的な考察も加えた．磁気の応用についても少し言及した．3-7では M_2X タイプ（Cu_2Sb 型構造）の化合物で基礎と応用面で特に重要な $Mn_{2-x}Cr_xSb$ を中心に解説した．

後半の理論編では，第1部で NiAs 型（および MnP 型）化合物，第2部で Cu_2Sb 型化合物を扱う．ここでの理論は遍歴電子モデルの立場をとる．理論編の第1部では第1章と第2章でバンド計算とそれによって得られた各種物質の非磁性状態，強磁性状態の電子帯構造を明らかにする．光学的性質についてもふれる．第3章から第7章まででバンド構造に基づいて磁性と関わりのある諸物性の理論的解明を行う．第3章では NiAs 型 MnAs の常磁性帯磁率と体積変化が示す異常な温度変化を，バンド計算の結果に基づいてスピンゆらぎの効果を取り入れることにより解釈できることを示す．NiAs, NiSb の非磁性状態のバンド計算からもとめたフェルミ面とド・ハース-ファン・アルフェンの

測定結果との比較検討を第4章に示す．第5章では圧力をかけることによる磁気配列の相転移を議論する．CrTeを例にとる．第6章では非磁性バンドを用いて，波数に依存した帯磁率を計算し，非磁性状態の不安定性を調べ，可能な磁気配列を探る．また，第7章では構造相転移を取り上げ，非磁性バンドに基づいて，電子格子相互作用を取り入れ，波数と格子変形のモードに依存する感受率 $\chi(q\lambda)$ をもとめ，NiAs型からMnP型への構造相転移のおこる可能性を論じる．

第2部では結晶構造と磁気特性を第1章で簡単に述べる．第2章，第3章ではバンド計算および，非磁性状態と磁性状態で得られたバンド構造について述べる．第4章では光電子分光と逆光電子分光の観測結果を示し，第3章に示したバンド構造との対応について論じる．第5章では磁気配列を理論的に調べ，得られた結果を実験で見出されている磁気配列と比較し，検討を行う．

本書が大学院や学部学生の勉強の助けとなり，さらに磁性研究に携わる若い研究者が研究を進める上で助けとなれば著者の望むところである．

2007年4月

著　者

金属間化合物の電子構造と磁性
—3d-pnictides を中心として—

目　次

序文 ··· i

[実験編]

第1章　3d-プニクタイドの結晶の基礎 ······································ 3
　1−1　3d-プニクタイドにおける主要な金属間化合物　3
　1−2　焼結法による結晶作成　4
　1−3　六方晶 NiAs 型, 斜方晶 MnP 型および正方晶 Cu$_2$Sb 型の結晶構造　6
　1−4　非化学量論的な MX (M：3d 金属, X：プニコゲン) 型化合物　10

第2章　NiAs 型 (MnP 型を含む) および Cu$_2$Sb 型結晶の基礎磁性 ········ 13
　2−1　磁気的オーダーを示す化合物　13
　2−2　磁気的オーダーを持たない MX 化合物　16

第3章　磁性各論──実験結果と実験的側面からの簡単な考察── ········ 19
　3−1　MnP とその周辺化合物　19
　3−2　MnAs とその周辺化合物　20
　　3−2−1　MnAs における磁気転移と Bean-Rodbell の理論　20
　　3−2−2　種々の相転移を示す MnAs$_{1-x}$P$_x$　30
　　3−2−3　MnAs$_{1-x}$Sb$_x$ における特異な磁性　37
　　3−2−4　MnAs$_{1-x}$Sb$_x$ に対する高圧力効果　42
　　3−2−5　Mn$_{1-x}$Cr$_x$As, Mn$_{1-x}$Ti$_x$As などの磁性　47
　　3−2−6　MnAs 周辺化合物の室温磁気冷凍作業物質への応用　48
　3−3　MnSb および MnBi の磁性　53
　3−4　CrAs とその周辺化合物　54
　　3−4−1　CrAs における特異な磁気転移　54
　　3−4−2　CrAs$_{1-x}$P$_x$, Cr$_{1-x}$M$_x$As(M=Mn, Ni など) と臨界格子定数　57
　　3−4−3　CrAs の T_N での1次転移に関する現象論　61

3-4-4　$CrAs_{1-x}Sb_x$ の磁性　63
　3-5　CrSb の磁性　65
　3-6　CrP の磁性　66
　3-7　Cu_2Sb 型化合物　66
　　　3-7-1　$Mn_{2-x}Cr_xSb$ の反強磁性-フェリ磁性転移と Kittel のモデル　66
　　　3-7-2　$Fe_{a-x}Mn_xAs(a≒2)$ の磁気転移　74
　　　3-7-3　層状の強磁性体 MnAlGe, MnGaGe　74
　　　3-7-4　$Mn_{2-x}Cr_xSb$ が示す1次転移の応用　76

付録　自由エネルギーと磁気転移 ………………………………… 81

[理論編]

第1部　NiAs 型化合物の電子状態と磁性 ……………………………… 87

第1章　バンド計算 ……………………………………………………… 88

第2章　バンド構造と光学的性質 ……………………………………… 90
　2-1　バンド構造　90
　2-2　光学的性質　108

第3章　常磁性帯磁率，体積の温度変化の異常とスピンのゆらぎ ……… 114
　3-1　MnAs, $MnAs_{1-x}P_x$ の常磁性帯磁率と体積の異常な温度変化　114
　3-2　スピンのゆらぎと磁性　115
　3-3　スピンのゆらぎと体積変化　120
　3-4　CoAs, FeAs の帯磁率とスピンのゆらぎ　123

第4章 NiAs のフェルミ面とド・ハース‐ファン・アルフェン振動 …… *126*

第5章 クロムカルコゲナイド CrTe, CrSe, CrS の圧力効果 ………… *134*

第6章 非磁性状態の不安定性と磁気配列 ……………………………… *138*

第7章 NiAs 型から MnP 型への構造相転移 …………………………… *146*
 7-1 電子格子相互作用係数 *147*
 7-2 NiAs 型から MnP 型への変化の起こりやすさ *147*

第2部 Cu_2Sb 型化合物の電子帯構造と遍歴磁性理論 ……………… *153*

第1章 結晶構造と磁気特性 ………………………………………… *154*

第2章 バンド計算 …………………………………………………… *157*

第3章 バンド構造 …………………………………………………… *158*

第4章 光電子分光，逆光電子分光 ………………………………… *167*

第5章 Cu_2Sb 型化合物の磁気配列 ……………………………… *169*

参考図書 ………………………………………………………………… *171*

索　引 …………………………………………………………………… *172*

実 験 編

第1章

3*d* - プニクタイドの結晶の基礎

1-1 3*d* - プニクタイドにおける主要な金属間化合物

3*d* 遷移金属 M とプニコゲン X(X=P, As, Sb, Bi) との金属間化合物は多数存在するが，磁気的に興味があるのは MX と M_2X のタイプの化合物である．前者は主として六方晶 NiAs 型（$B8_1$ 型）かそれがわずかに斜方晶に歪んだ斜方晶 MnP 型（B31 型）の結晶構造をとり，後者は正方晶 Cu_2Sb 型の結晶構造をとることが知られている．これらの2つのタイプの金属間化合物の存否を表1-1 に示す．

表 1-1 の太字の MX 化合物は NiAs 型または MnP 型の構造をとる．太字の M_2X と表 1-1 には示していないが MnAlGe と MnGaGe は Cu_2Sb 型構造を持つ．表 1-1 において MnSb などのように化学量論的な原子比で表記してある化

表 1-1 3*d* 金属とプニコゲンにより形成される MX, M_2X タイプの金属間化合物．太字は NiAs（または MnP）型か Cu_2Sb 型の結晶であることを示す．

	P	As	Sb	Bi
Ti	TiP	TiAs	**TiSb**	—
V	**VP**	**VAs**	**VSb**	—
Cr	**CrP**	**CrAs**, Cr_2As	**CrSb**	—
Mn	**MnP**, Mn_2P	**MnAs**, Mn_2As	**MnSb**, Mn_2Sb	**MnBi**
Fe	**FeP**, Fe_2P	**FeAs**, Fe_2As	**FeSb**	—
Co	**CoP**, Co_2P	**CoAs**	**CoSb**	—
Ni	**NiP**	**NiAs**	**NiSb**	**NiBi**
Cu	—	—	**Cu_2Sb**	—

合物は一般に1対1の組成比からずれて$M_{1+x}X (x≧0)$ の表式の化合物が生成される場合が多い [1-1]．たとえば MnSb は $Mn_{1+x}Sb$ の表式で x が 0 から約 0.2 の範囲で化合物が生成する．過剰な Mn 原子は格子間隙に入り僅かな量でも磁性に大きな影響を及ぼす場合があるので結晶作成においては注意を要する [1-2]．NiAs 型の結晶では MnSb の場合と類似の傾向を持つ [1-1]．NiAs 型構造は原子半径の大きい X 原子が六方最密構造を構成し，その隙間に原子半径の小さな M 原子が入った構造と考えられるので，M 原子が過剰になるのは許される．表1-1 に示す化合物のうち磁気的なオーダーを示すのは $3d$ 金属が Cr, Mn, Fe の場合だけである．

1-2 焼結法による結晶作成

結晶作成は物性実験の出発点である．結晶作成の装置も進歩しているが，ここでは在来的で手軽な多結晶試料の作成方法だけを具体的に説明しておく．この方法は一般の大部分の化合物に対しても適用できる．作成する試料の構成金属の粉末の混合物を真空封入し焼結して作る（焼結法または粉末冶金法とよばれる）．金属の粉末の粒度は 100 ミクロン程度が一般的であるがそれより大きくても小さくても良い．Mn はメノウの乳鉢で簡単に粉砕できるがそれ以外は粉砕できないので粉末状の金属を購入する．プニコゲン金属は簡単に粉砕できるが，燐（P）と砒素（As）は取り扱いに注意が必要である．P は黄燐ではなく赤燐を使うが粉砕中に発火する危険性がある．粉末状の赤燐も市販されている．As（As_2O_3 が猛毒）はその毒性に注意が必要で，粉砕作業は粉塵が飛び散らないようにすること，また吸入しないように作業中にマスクを使うこと，後片付も確実にすることが必要である．全ての原料の純度は 99.9% 以上とする．

焼結の具体例を MnAs の場合について述べる．まず電解マンガンを水で適当に薄めた硝酸で洗って表面の酸化膜を除去した後水洗いして，すぐ乾くようにアルコールに浸して水切りをした後，メノウの乳鉢で粉砕する．一方，ガラス管に真空封入されている高純度の塊状の As を粉砕（あまり細かくすると酸化する）する．組成比に秤量されたマンガンと砒素の粉末を飛び散らないよう

に細心の注意を払いながら薬包紙上またはメノウの乳鉢でよく混ぜ合わす．空気中での作業だから粉末金属の酸化を防止するため全ての作業はなるべく手早く行うことが望ましい．つぎに Mn と As の粉末の混合物（5～8グラム程度を目安とする）を透明石英ガラス管に真空封入する．ガラス管はいろいろ考えられるが大体次の形状のものが良い．

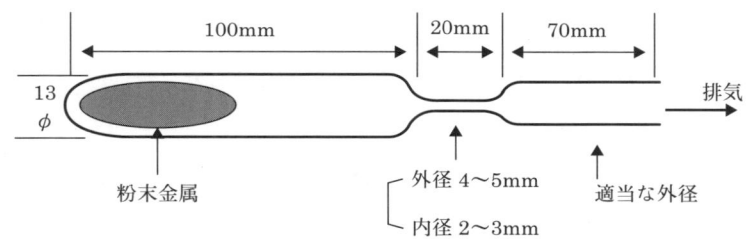

図 1-1 透明石英ガラスの試料容器．10^{-5} Torr 程度以上の真空度まで排気したらガラス管の細い部分をガスバーナーで溶断する．

図 1-1 に示した試料容器の要点は細い部分である．この部分が肉薄になりすぎると溶断に失敗する．内径が小さすぎると粉末金属混合物が通過できない．真空封入が終われば電気炉で焼結をする．As は 613℃で昇華し高温では高い蒸気圧をもつので，焼結開始後急激に温度を上昇させると爆発する．2～3日かけて 500℃くらいまで温度をゆっくり上げる．その間に Mn と As が反応して爆発の可能性が減る．500℃で 2～3 日おきさらに反応を進めた後昇温（急激でもよい）し 800℃位の温度で 1 週間程度よく焼結する．その後炉冷して焼結された試料を取り出す．この 1 回の焼結では組成が不均一になっている可能性があるので，この焼結体を粉砕攪拌して，再度ガラス管に真空封入し 800℃程度の温度（今度は急激に昇温してよい）で約 1 週間程度熱処理をすれば試料が出来上がる．上で述べた昇温のスピードや焼結温度は目安である．焼結期間は長いほどよいのは言うまでもない．P を含む化合物の場合も爆発の可能性があるので MnAs の場合と同様にするのがよい．他の化合物の焼結方法もほぼ同様である．焼結温度などは二元合金の状態図 [1-3] などを参照して判断すればよい．

6 実験編

1–3 六方晶 NiAs 型，斜方晶 MnP 型および正方晶 Cu₂Sb 型の結晶構造

六方晶 NiAs 型

六方晶 NiAs 型構造（B8₁型）が僅かに斜方晶に歪み原子が格子点から僅かにシフトした結晶構造が斜方晶 MnP 型構造（B31 型）である．したがって両者はある意味では類似している．両者を関連付けながら以下で説明する．

図 1-2 に六方晶 NiAs 型の結晶構造を示す．

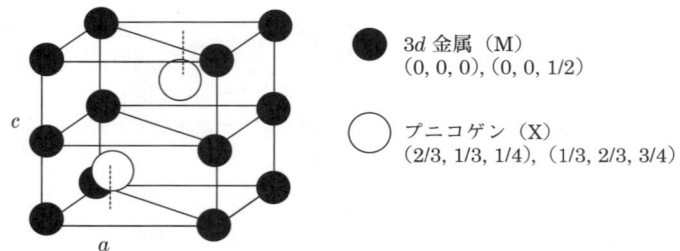

● 3d 金属（M）
  (0, 0, 0), (0, 0, 1/2)

○ プニコゲン（X）
  (2/3, 1/3, 1/4), (1/3, 2/3, 3/4)

図 1-2 六方晶 NiAs 型（B8₁型）構造．

プニコゲン原子はほぼ六方最密構造的に配列し，3d 金属原子は単純六方構造である．次の表 1-2 に MnX の格子定数（室温）を有効数字を 3 桁にして示す．

表 1-2 MnX の格子定数 a, c（室温）[1-4] および X 原子の原子半径 [1-5]．MnP だけが後に説明する MnP 型構造であるが，NiAs 型構造の a, c 軸に対応する軸を a, c 軸として示した．

	(MnP)	MnAs	MnSb	MnBi
a (Å)	3.17	3.68	4.15	4.34
c (Å)	5.26	5.72	5.78	5.98
X の原子半径 (Å)	1.28	1.39	1.59	1.70

BiからPに向かって格子定数は大きく減少している．特にa軸の減少が大きく，MnPのa軸はMnBiのa軸の73%の値になっているが，これはPの原子半径がBiの原子半径の75%の値になっているのとよく対応している．即ちa軸の長さはプニコゲンの原子半径にほぼ正比例していることが分かる．この傾向は後に述べるCrP，CrAs，CrSbの系列でも成り立っている．

斜方晶MnP型

斜方晶MnP型は六方晶NiAs型が斜方晶に歪み，原子の位置が格子点から僅かにシフトした構造である．歪みもシフトも小さいのである意味では斜方晶MnP型は六方晶NiAs型と類似であるが，この結晶構造の僅かの違いが電子構造に変化をもたらし磁性にも影響を及ぼす．ここでは，六方晶NiAs型を出発点にして斜方晶MnP型を説明する．図1-3に六方晶NiAs型と斜方晶MnP型のc面に投影した原子配置を示す．したがって図示されている原子の変位はc面内での変位を意味する．

図1-3において変位パラメターu，wはb軸方向の原子位置の変位を表すが，wはuに比べて一桁小さい量である．六方晶NiAs型から斜方晶MnP型への

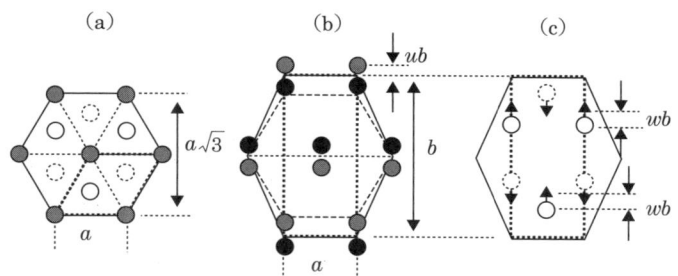

● (●) M: (0, 0, 0); (0, 0, 1/2)
○, ◌ X: (2/3, 1/3, 1/4), (1/3, 2/3, 3/4)

図1-3 六方結晶NiAs型を出発点にした斜方晶MnP型の説明図．c面への投影図で，太い点線が単位胞である．(a) 六方晶NiAs型（図1-2も参照）．2つのM原子は重なっている．(b) 斜方晶への歪み（正六角形からの歪み）とM原子のb軸方向の変位を表す．変位はubでuは変位パラメターである．(c) X原子のb軸方向の変位を表す．矢印で表す変位wb（wは変位パラメター）はb軸の1/3または1/6の点からの変位を表す．歪や変位は誇張して描いている．

歪は，b 軸の，$a\sqrt{3}$ からのずれの割合を意味する歪パラメター δ で表示する：

$$\delta = (b - a\sqrt{3})/a\sqrt{3}.$$

MnP 型では M, X 原子は c 軸方向へも変位する．それを MnP 型結晶構造の立体図を描いて説明する（図 1-4）．

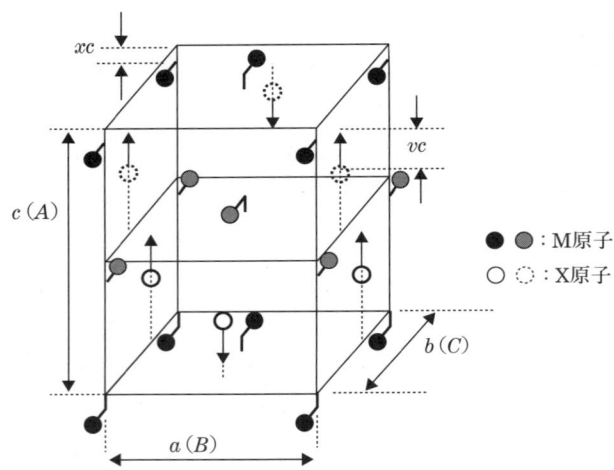

図 1-4　MnP 型構造の単位胞の立体図．$c(A)$ 軸方向の M 原子の変位は x, X 原子の変位は v パラメターで表示している．x は v に比べて 1 桁小さい．格子定数の表示方法として括弧内に示した A, B, C もよく用いられる．変位は誇張して描いている．図 1-3 で示した X 原子の b 軸方向の変位（w）は簡単のためこの図では表示を省略した．

　以上に述べたように MnP 型構造は，M 原子の変位パラメター u, x と X 原子の変位パラメター v, w および斜方晶への歪パラメター δ の 5 つの結晶学的なパラメターで特徴付けられる．$u=v=x=w=\delta=0$ であれば NiAs 型構造になる．斜方晶 MnP 型構造をもつ MnP と CrAs のパラメターを次の表 1-3 に示す．他の MnP 型構造を持つ化合物も類似の値を持つ．w と x は小さいので通常の X 線解析からは u, v, δ だけが信頼度の高い値を求めることが出来る．

表 1-3 MnP 型構造の MnP と CrAs の結晶学的パラメター（室温）[1-4]

	δ	u	v	x	w
MnP	0.077	0.05	0.06	0.005	0.01
CrAs	0.036	0.05	0.05	0.007	0.006

図 1-3，図 1-4 をもとに各原子位置の分数座標を表 1-4 にまとめておく．分数座標は座標軸のとりかたにより異なるが，ここでは図 1-4 の A, B, C 軸（c, a, b 軸）を座標軸として表すことにする．

表 1-4 A, B, C 軸を座標軸とする斜方晶 MnP 型構造の原子位置座標

| M | $(-x, 0, u)$, $(x, 1/2, 1/2-u)$, $(1/2-x, 0, -u)$, $(1/2+x, 1/2, 1/2+u)$ |
| X | $(1/4-v, 1/2, 5/6-w)$, $(1/4+v, 0, 1/3-w)$, $(3/4-v, 1/2, 1/6+w)$, $(3/4+v, 0, 2/3+w)$ |

座標の原点として図 1-3（または 1-4）の ab（BC）面の対角線の 1/4 の点をとる場合がある．この場合は表 1-4 の座標はその分だけ変わる．

斜方晶 MnP 型構造の場合の格子定数の表示法は 4 種類くらいあるので注意を要する．六方晶 NiAs 型との関連を念頭において斜方晶 MnP 型構造を考える場合は，図 1-3 と図 1-4 に示すようにとると斜方晶 MnP 型の a, c 軸が六方晶 NiAs 型の a, c 軸に対応するので分かりやすい．本書では主にこの表示法 (a, b, c) をとるが，図 1-4 に示した (A, B, C) 軸の表示を使う場合もある．

正方晶 Cu_2Sb 型

表 1-1 の太字の M_2X タイプの化合物と MnAlGe, MnGaGe がこの構造をとる．図 1-5 にその結晶構造を示す．Mn_2Sb の場合を例にとると，この結晶構造の特徴は図に太い点線で示す Mn(II) 間の原子間距離が 3.94Å とかなり大きいことである（Mn(I)−Mn(II) および Mn(I)−Mn(I) の最短距離はそれぞれ 2.81Å および 2.88Å である）．Mn(II) が Al, Sb が Ge で置き換わった MnAlGe では c 軸方向の Mn−Mn 距離が c 軸に等しく 5.93Å となる．MnGaGe も MnAlGe と類似である．これらの構造的な特徴は後に述べる磁性に反映する．

10 実験編

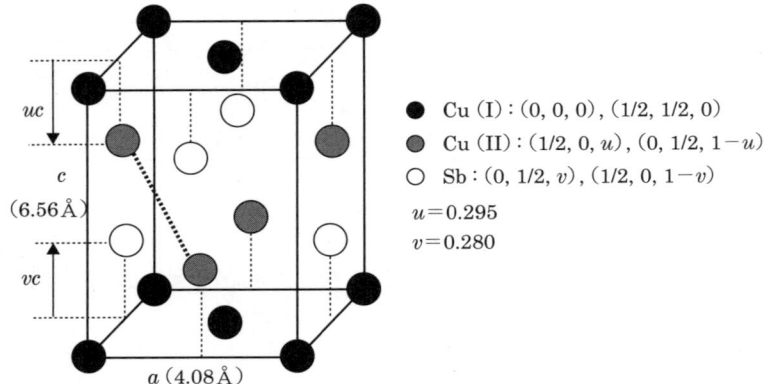

図 1-5 正方晶 Cu$_2$Sb 型構造．Cu(I), Cu(II) の位置を3d金属原子が占める．MnAlGe などはCu(II)とSbの位置をAlとGeが占める．数値はMn$_2$Sbに対するものである．

1−4 非化学量論的な MX（M：3d 金属，X：プニコゲン）型化合物

非化学量論的な MX 化合物生成の 1 つの典型的な例は Mn$_{1+x}$Sb の場合である．

図 1-6 に Mn−Sb の 2 元状態図を示す ［1-3］．室温で NiAs 型構造は Sb の組成が 44% 〜 49%（Mn$_{1+x}$Sb の表示では 0.04≦x≦0.25）の範囲に広がっている．また T_C は 314℃(51at%Mn) から 90℃(56at%Mn) まで Mn の組成増加に伴い直線的に下がっている．この状態図からは，化学量論的な（すなわち 50at%Mn の）MnSb は存在しない．したがって通常 MnSb とよばれている化合物でも，上述の 1% の過剰な Mn 原子が図 1-7 に示す NiAs 型構造の格子間隙（(2/3, 1/3, 1/4) と (1/3, 2/3, 3/4) の位置）の一部に入っていることになる．格子間隙に入った過剰 Mn 原子は最隣接を 6 つの Mn 原子によりプリズム状に囲まれ磁気モーメントをもたず，さらに最隣接の 6 つの Mn 原子の磁気モーメントは，強磁性の母体の磁化に対して逆向きに 0.46μ_B を持つことが知られている ［1-6］．Mn$_{1+x}$Sb(0.04≦x≦0.25) において，x の増加につれて T_C や自発磁化が急激に減少し，磁化容易軸も c 面内から c 軸方向に変化する傾向を示す ［1-7］．

第1章 3d-プニクタイドの結晶の基礎 11

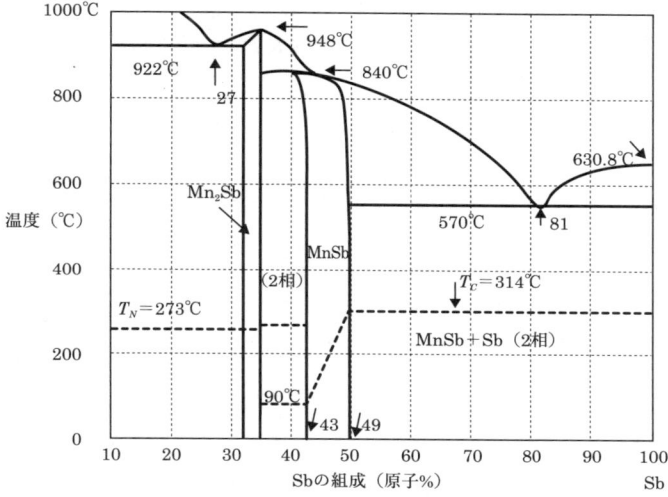

図1-6 Mn−Sbの2元状態図

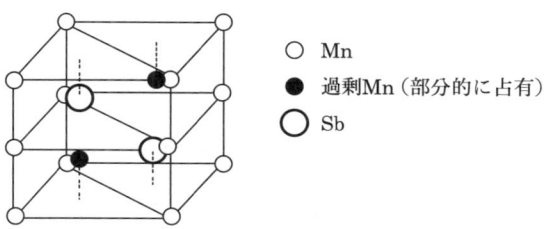

図1-7 六方晶NiAs型の$Mn_{1+x}Sb$の過剰Mnが入る格子間位置

MnSbと同様に，他のMX型化合物においてもNiAs（またはMnP）型構造が非化学量論的な組成領域において生成する場合がある．それらを表1-5にまとめておく．

表1-5 MX化合物の生成組成領域. 組成は $M_{1+x}X$ で表示している. 組成領域は室温におけるものである. 高温では組成領域は一般に広くなる.

VSb	$x=0.4$ のみで単相 [1-8]
CrSb	$0 \leq x \leq 0.04$, x の上限は高温で増加 [1-1], [1-3].
MnSb	図1-6参照.
FeSb	$0.2 \leq x \leq 0.3$ [1-9], $0.1 \leq x \leq 0.3$ [1-3]. x の範囲は高温で増加. [1-9] Fe過剰でのみ生成.
CoSb	$0 \leq x \leq 0.04$, x の範囲は高温で増加 [1-1]. $-0.04 \leq x \leq 0.15$ [1-3].
NiSb	$-0.06 \leq x \leq 0.02$, x の範囲は高温で増加 [1-1]. $-0.08 \leq x \leq 0.10$ [1-3].
VAs	
VP	
CrP	
CrAs	1:1の化合物を生成.
MnP	
MnAs	
MnBi	低温相 (340℃以下) は MnBi, 高温相 (340℃以上) は $Mn_{1.08}Bi$. 446℃以上で Mn と Mn-Bi の液体に分解 [1-9], [1-3].

参考文献

[1-1] A. Kjekshus and K. P. Walseth, *Acta Chem. Scand.* **23** (1969) 2621.
[1-2] T. Okita and Y. Makino, *J. Phys. Soc. Jpn.* **25** (1968) 120.
[1-3] Phase Diagram for Binary Alloys, ed. by H. Okamoto, ASM International, OH, 2000.
[1-4] Landolt-Börnstein III/27a, *Magnetic Properties of Pnictides and Chalcogenides*, eds. K. Adachi and S. Ogawa (Springer Berlin, 1989) p. 70.
[1-5] 飯田修一他編, 物理定数表〔朝倉書店〕1978.
[1-6] Y. Yamaguchi, H. Watanabe, T. Suzuki: *J.Phys. Soc. Jpn.* **45** (1978) 846.
[1-7] T. Okita, Y. Makino: *J. Phys. Soc. Jpn.* **25** (1968) 120.
[1-8] J. Bouma, C. F. van Bruggen, C. Haas: *J. Solid State Chem.* **7** (1973) 255.
[1-9] T. Chen, W. Stutius: *IEEE Trans. Magn.* **10** (1974) 581.

第2章

NiAs型（MnP型を含む）およびCu₂Sb型結晶の基礎磁性

2-1 磁気的オーダーを示す化合物

まず磁気的オーダーを示す MX 型および M_2X 型の結晶の磁性を概観する。磁気的オーダーをもつ NiAs（または MnP）型化合物または Cu_2Sb 型化合物を表 2-1 に示す。また MX, M_2X タイプの磁性の概観を表 2-2 から表 2-5 に示す。数値のデーターは一般に多くのデーターの中から代表的なものを選んで載せた。詳しくは本書の3の各論を参照していただきたい。

表2-1 磁気的オーダーを示す化合物が灰色。形は結晶構造（室温）を示す。

X \ M		Ti	V	Cr	Mn	Fe	Co	Ni
P	MP	⬡	⬡	⬢	⬢	⬡		
As	MAs		⬡	⬢	⬢	⬢	⬡	⬡
	M₂As			■	■	■		
Sb	MSb	⬡	⬡	⬢	⬢	⬢	⬡	⬡
	M₂Sb				■			
Bi	MBi				⬢			

⬡ : NiAs型　　⬢ : MnP型　　■ : Cu₂Sb型

表 2-2 **CrX の基礎磁性**．複数ある数値データーは 1 つだけ載せた [2-1]．第 3 章の各論も参照．T_N と p_A はそれぞれネール温度と原子当たりの磁気モーメントである．

MX	CrP	CrAs	CrSb
磁気構造	～200K に χ のピーク	2 重ラセン	反強磁性
ネール温度 T_N(K)		250（1 次転移）	718（1 次転移？）
$p_A(\mu_B/\text{Cr})$	χ（室温）～3×10^{-6}emu/g	1.67	3.0

表 2-3 **MnX の基礎磁性**．複数ある数値データーは 1 つだけ載せた [2-1]．第 3 章の各論も参照．T_C はキュリー温度である．

MX	MnP	MnAs	MnSb	MnBi
磁気構造	2 重ラセン（$T\leq 47\text{K}$）強磁性（$47\text{K}\leq T<291\text{K}$）	強磁性	強磁性	強磁性
T_C(K)	291	318（1 次転移）	587	628（1 次転移）
$p_A(\mu_B/\text{Mn})$	1.3	3.4	3.6	3.8

表 2-4 **FeX の基礎磁性**．複数ある数値データーは 1 つだけ載せた [2-1]．

MX	FeP	FeAs	Fe_{1+x}Sb
磁気構造	2 重ラセン	2 重ラセン	三角配列（c 面内）
T_N(K)	125	77	105～211（x に依存）
$p_A(\mu_B/\text{Fe})$	0.41	0.51	0.88

表 2-5 **M_2X の基礎磁性**．複数ある数値データーは 1 つだけ載せた（[2-1] および第 3 章の各論も参照）．

M_2X	Cr_2As	Mn_2As	Fe_2As	Mn_2Sb
磁気構造	反強磁性	反強磁性	反強磁性	フェリ磁性
T_N(K)	393	573	353	550
$p_A(\mu_B/\text{M(I), M(II)})$	0.40, 1.34	2.2, 4.1	1.28, 2.05	2.13, 3.87

表 2-1 からも分かるように，磁気的オーダーを示す化合物は $3d$ 金属元素が Cr, Mn および Fe の場合に限られる．表 2-2～表 2-5 から分かるように，MnP 型の結晶構造をもつ化合物はすべて 2 重ラセンの磁気構造をもっている．2 重ラセン構造の代表例として CrAs のスピン配列を説明しておく．

第2章 NiAs型（MnP型を含む）およびCu₂Sb型結晶の基礎磁性　*15*

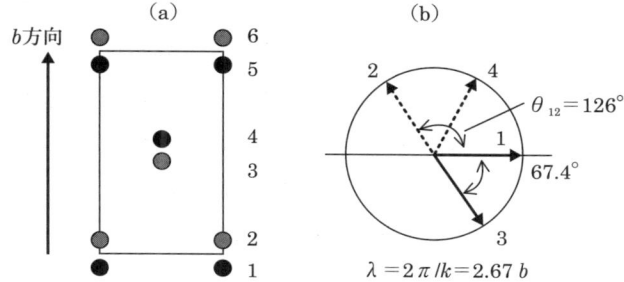

図 2-1　CrAsの2重ラセン構造．(a)はCr原子のab面への投影図．（図 1-3 (b)）参照．各数字で表すb軸に垂直な原子面内ではスピンは平行である．(b) 1, 3, 5, … と 2, 4, 6, … が相対角126°を保って，それぞれ回転角67.4°のb軸方向に進むラセン構造を形成する．波長は$\lambda=2.67b$，$\mu_{Cr}=1.67\mu_B$である [2-2]．文献 [2-3] のデータはこれらと若干異なる．

表 2-6　2重ラセン構造．θ_{12}は図 2-1 参照．bはb軸の長さ．$T=4$K（FeAs は 12K）でのデータである（[2-1] および 3 の各論）．複数ある数値データーは 1 つだけ載せた．

	MnP	CrAs	FeP	FeAs
θ_{12}	16°	−126°	169°	140°
$2\pi/k$（=波長）	8.2b	2.67b	5.0b	2.67b

　表 2-6 に MnP 型化合物の 2 重ラセン構造をまとめておく．MnP は波長が長く強磁性に近いのでメタ磁性的な磁化過程を示し，単結晶の，たとえばa軸方向に磁場を作用させた場合は 4kOe 程度の磁場で磁化が飽和する．表 2-6 のそのほかの化合物については過去に磁化過程の実験はない．多結晶の CrAs に対して大阪大学（旧伊達研究室）で過去に行われた最高 35T のパルス強磁場下での未発表の実験がある．それによると磁化が小さく測定が困難であったが，磁化過程は 10T 付近に異常が見られたが全く飽和の傾向を示さなかった．CrAs はスピン構造だけでなく，興味ある種々の性質を示し未解決の問題が多い．これらについては次の 3 各論で改めて述べる．

　MnX(X=As, Sb, Bi) は強磁性を示す．CrAs, CrSb(?), MnAs, MnBi などはT_c（またはT_N）で 1 次の相転移をする．これらについても 3 各論を参照して

いただきたい．

　$Cu_2Sb(M_2X)$ 型化合物は図 2-2 に示す様にスピン構造が多彩である［2-1］．特に興味深いのはフェリ磁性の Mn_2Sb の Mn を Cr で僅かに置換すると低温側で反強磁性を示し，ある温度でフェリ磁性に 1 次の相転移をする点であるがこれについては 3 各論で詳論する．また図 2-2 に示す多彩なスピン配列については理論編で論じられる．

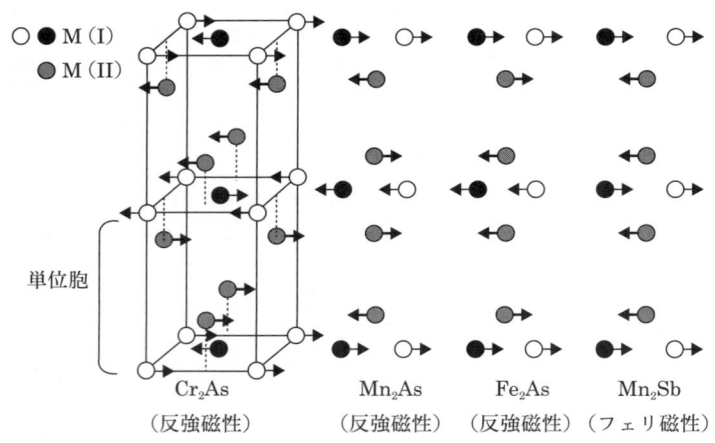

図 2-2　Cu_2Sb 型化合物のスピン配列．M(I) と M(II)（図 1-5 参照）はモーメントが異なる．磁化容易軸は作図の便宜上 c 面内とした．As(Sb) はこの図に表示していない．

2-2　磁気的オーダーを持たない MX 化合物

　M が Cr, Mn, Fe 以外の場合は磁気的オーダーを持たず，常磁性または反磁性を示すことが知られている．次の表にそれらの結晶および磁性に関するコメントを表 2-7 に簡単にまとめておく．

　磁気的なオーダーを持たない MX タイプの化合物は磁性の観点からは興味が薄いが，この種の化合物の電子構造を調べるにはむしろ適する．その結果が一般の MX 化合物の磁性を理解するのに役立つ．表 2-7 でパウリ常磁性的と記したものは，帯磁率が全く温度変化しないという意味ではない．表に示した化合

第2章 NiAs型（MnP型を含む）およびCu$_2$Sb型結晶の基礎磁性　*17*

表2-7　磁気的オーダーを持たないMX化合物

MX	結晶型	磁性（帯磁率χの単位はemu/g）	
TiP	TiP		
TiAs	TiP	パウリ常磁性的．$\chi \sim 1.5 \times 10^{-6}$ ($T=4.2$K)	[2-4]
TiSb	NiAs	パウリ常磁性的	[2-5]
VP	NiAs	温度上昇によりχは僅かに減少．$\chi \sim 2 \times 10^{-6}$（室温）	[2-6]
VAs	MnP	温度上昇によりχは僅かに上昇．$\chi \sim 1.5 \times 10^{-6}$（室温）	[2-6]
VSb	NiAs	V$_{1.4}$Sbの組成で単相．パウリ常磁性的．$\chi \sim 1.5 \times 10^{-6}$	[2-7]
CrP	MnP	χは200K付近になだらかな谷．$\chi \sim 3 \times 10^{-6}$（室温）	[2-8]
CoP	MnP	パウリ常磁性的．$\chi \sim 1.5 \times 10^{-6}$ ($T \geqq 100$K)	[2-9]
CoAs	NiAs	χは200K付近になだらかな山．$\chi \sim 2 \times 10^{-6}$（室温）	[2-10]
CoSb	NiAs	パウリ常磁性的．$\chi \sim 1 \times 10^{-6}$	[2-4]
NiP	NiP		
NiAs	NiAs	パウリ常磁性的．$\chi \sim 2.5 \times 10^{-7}$ ($T \geqq 300$)	[2-11]
NiSb	NiAs	反磁性	[2-12]
NiBi	NiAs	超伝導，$T_C = 4.25$K	[2-13]

物の帯磁率は$10^{-6} \sim 10^{-7}$emu/gの桁の大きさであり，測定された帯磁率に対するX原子の反磁性的な寄与や試料に含まれる不純物の寄与などがあるため，場合によっては表2-7に示す磁性は各化合物の3d電子状態の正確な反映ではないかもしれない．またVSbのようにこれらの化合物は化学量論的な組成（1:1）からずれたところで単相になったり，単相を示す組成に僅かの幅を持つ場合がある．これらの事柄も磁性に影響を及ぼす（その顕著な例は強磁性のMn$_{1+x}$Sbの場合である［2-7, 2-14, 2-15］）ので注意を要する．MXと表記されている化合物の非化学量論性を含む相図的な事柄などはすでに**1-4**でまとめて説明されている．

参考文献

[2-1]　Landolt-Börnstein III/27a, *Magnetic Properties of Pnictides and Chalcogenides*, eds. K. Adachi and S. Ogawa (Springer Berlin, 1989) p. 70　とそこにある文献．
[2-2]　G. P. Felcher, F. A. Smith, D. Bellavance and A. Wold, *Phys. Rev.* **B9** (1971) 3046.
[2-3]　K. Selte, A. Kjekshus, W. A. Jamison, A. F. Andresen, J. E. Engebresen: *Acta Chem.. Scand.* **35** (1971) 1042.

[2-4] H. Ido: *J. Appl. Phys.* part IIA (1985) 3247.
[2-5] K. Adachi: *J. Phys. Soc. Jpn.* **16** (1961) 2187.
[2-6] K. Selte, A. Kjekshus, A. F. Andresen: *Acta Chem. Scand.* **26** (1972) 4057.
[2-7] J. Bouma, C. F. van Bruggen, C. Haas: *J. Solid State Chem.* **7** (1973) 255.
[2-8] K. Selte, H. Hjersing, A. Kjekshus, A. F. Andresen, P. Fischer: *Acta Chem. Scand.* **A29** (1975) 695.
[2-9] K. Selte, L. Birkeland, A. Kjekshus, *Acta Chem. Scand.* **A32** (1978) 731.
[2-10] K. Selte, A. Kjekshus: *Acta Chem. Scand.* **25** (1971) 3277.
[2-11] I. L. A. Delphin, K. Selte, A. Kjekshus, A. F. Andresen: *Acta Chem. Scand.* **A32** (1978) 179.
[2-12] H. Schmit: Cobalt **7** (1960) 26.
[2-13] N. E. Alekseevskii, N. B. Brandt, T. I. Kostina: Izu. Akad. Nauk SSSR **16** (1952) 233.
[2-14] Y. Yamaguchi, H. Watanabe, T. Suzuki: *J. Phys. Soc. Jpn.* **45** (1978) 846.
[2-15] T. Okita, Y. Makino: *J. Phys. Soc. Jpn.* **25** (1968) 120.

第3章

磁性各論──実験結果と実験的側面からの簡単な考察──

　MX（M＝3d 金属，X＝プニコゲン）化合物およびこれらの混晶の磁気的性質のうち特に興味があると思われるものを以下で概観する．基礎的なデーターは 2 も参照して頂きたい．

3-1　MnP とその周辺化合物

　小松原，平原らによる MnP の単結晶を用いた詳細な磁気測定により，外部磁場と温度に関して図 3-1 に示すような磁気状態図が得られている［3-1］．MnP は低磁場では，$T ≦ 47$K では 2 重ラセンの磁気的秩序を持ち，その波長は比較的長く b 軸方向に 8.2b の値を持つ［3-2］．47K で強磁性に転移し $T_c =$

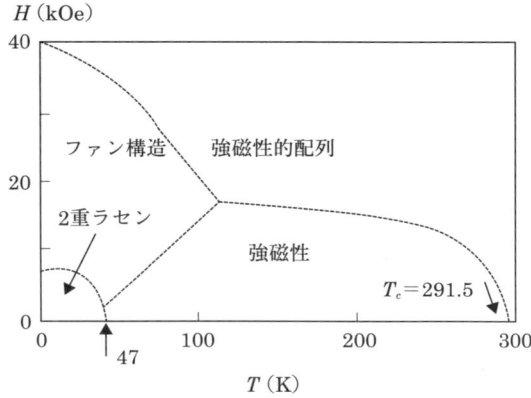

図 3-1　MnP 単結晶の b 軸方向の外部磁場 H と温度 T に対する磁気状態図［3-8, 3-9, 3-1, 3-10］．図は文献［3-11］より．

291Kである．T_c 以上での帯磁率は 420K≦T≦660K ではキュリーワイス型で，T=0K での飽和磁気モーメント 1.3μ_B に近い μ_{eff}=2.36μ_B(2S=1.56)，θ_P= 344K が得られている．660K≦T≦1400K の高温領域では上方に凸型に湾曲する［3-3］．MnP の Mn を他の種々の 3d 金属で置換した混晶の磁気的性質が岩田ら［3-4］を中心に詳細に調べられている［3-5, 3-6, 3-7］．

3-2 MnAs とその周辺化合物

3-2-1 MnAs における磁気転移と Bean-Rodbell の理論

MnX では MnAs が特に興味深い．これについては理論編で遍歴電子磁性として詳述されるので，ここでは MnAs の性質をのべ，それらを Bean-Rodbell の現象論で説明し，さらに MnAs の As を P や Sb などで置換した混晶の興味深い点を概観する．MnAs の研究は古く，Guillaud らに始まる［3-12］．まず，磁気温度曲線を中心にした模式的な図を図 3-2 に示す［3-13］．温度上昇過程では T_c(up)=318K で 1 次転移により強磁性が消える．この転移は六方晶 NiAs 型から斜方晶 MnP 型への結晶構造の変化を伴う．T_c 以上の温度域で，帯磁率は T_t= 398K でピークを示し，T_t 以上の温度域ではほぼキュリーワイス型の温度変化をする．以下で述べるように，T_t は結晶変態温度であり，MnP 型の結晶は再び六方晶 NiAs 型に戻る．$T_c \leq T \leq T_t$ の領域でのみ見られる常磁性帯

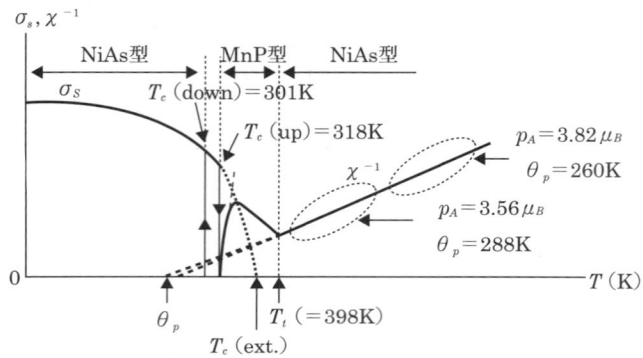

図 3-2　MnAs の自発磁化 σ_s と常磁性帯磁率の逆数 χ^{-1} の温度変化の模式図

第3章 磁性各論——実験結果と実験的側面からの簡単な考察—— 21

磁率は，理論編で遍歴電子モデルに基づいて説明がなされている．

磁気温度曲線に対応する結晶学的なパラメーターの温度変化を図3-3に示す［3-14］．T_c(up)でa軸の飛びが1.2%と顕著である．c軸にははっきりとした飛びは見られない．この結果はMnAsの強磁性発生とa軸長が何らかの関係を持つことを示唆している．結晶の体積は2.1%収縮する．T_c直上でのMnP型構造の温度域で熱膨張率が大きいのは温度上昇に伴うMnP型からNiAs型への移行によるが，詳細は理論編で論じられる．u, vおよびδパラメーター（表1-3など参照）はT_c(up)直上で最大値を取り，結晶変態点T_tに向かってゼロに近づく．

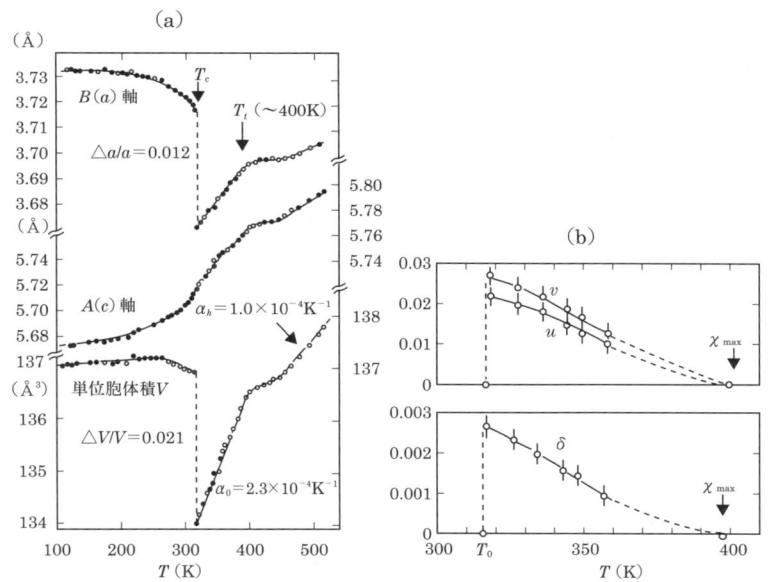

図3-3 (a) MnAsの結晶格子定数（a, b, cは六方晶としての表記）の温度変化．αは熱膨張係数を表す．(b) u, vおよびδパラメーターの温度変化．χ_{max}は帯磁率がピークを示す温度を表す．

MnAsはT_c直上の温度域でメタ磁性を示す．このメタ磁性転移は常磁性から強磁性配列への転移であり，MnP型からNiAs型への結晶構造転移を伴っている．メタ磁性転移の磁化過程は後に述べるMnAs$_{1-x}$P$_x$と類似であるので省

略するが，図 3-4 に $H=2\text{T}$ と $H=40\text{T}$ での磁化の温度変化を示しておく［3-15］．この結果は T_c 以下の結晶状態（NiAs 型）が保持されれば MnAs は大略 450K 付近に T_c を持つことを示している．図 3-3 に見られるように，MnAs の T_c 以下と同じ結晶構造をもちかつ同程度の結晶体積を持つ $T \geqq T_t$ での常磁性キュリー温度 θ_p が〜270K であり，上述の外挿した T_c〜450K と大きく異なるのは，$T_c \fallingdotseq \theta_p$ の関係が成立する MnSb や MnP などと異なる MnAs 固有の現象である．

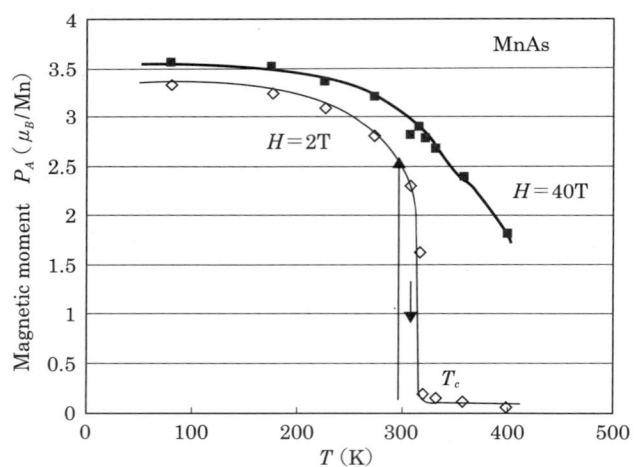

図 3-4　MnAs の $H=2\text{T}$ および 40T のもとでの磁化の温度変化．T_c は T_c (up) を意味する．

MnAs の 1 次転移（磁気体積効果，磁化の飛びおよび温度ヒステリシスなど），T_c 直上温度域でのメタ磁性転移（磁化過程および磁場ヒステリシスの温度変化など），さらに T_c の圧力変化などが，局在モデルと結晶中の Mn-Mn 交換相互作用が結晶体積に敏感に依存するとして，現象論ではあるがかなり定量的に説明可能である［3-16, 3-17］．しかし，実際の MnAs の磁性をになう $3d$ 電子は局在電子ではなく遍歴電子として扱うことが妥当なので，理論編で論じる遍歴電子モデルに基づく説明が必要である．この章では現象論が磁気相転移などを論じるのに大変便利で分かりやすいので以下で説明をしておく．まず，

第3章 磁性各論——実験結果と実験的側面からの簡単な考察——

キュリー温度 T_C が結晶の体積 V（格子定数としても論法は同じ [3-18]）によって変化するものとする．これはほとんどの強磁性体の T_C が圧力によって変化するので，理にかなった仮定である．結晶の体積は次に述べるようないろいろな原因で変わる．熱膨張，圧力，さらに外部磁場や分子場による磁気体積効果（強制磁歪および交換磁歪）によって体積が変わる．また結晶変態が起これば一般に体積が変わる．ゆえに，次の式が成り立つ．

$$T_C(V) = T_0[1 + \beta(V-V_0)/V_0] \tag{3-1}$$

結晶体積が大きく変わらない範囲では T_C は V の1次関数としてよい．(3-1)式で，V_0 は体積の基準点で，$T=0K$ で磁気体積効果（ここでは交換磁歪または自発体積磁歪などの意味）がないとした時の結晶体積である．T_0 は $V=V_0$ の体積に固定した時のキュリー温度である．係数 β は T_C の結晶体積依存性を示す係数で，MnAs は大きな値をもつ．局在モデルでは原子スピン j，相対磁化 σ（$=M_s(T)/M_s(0)$）をもつ N 個の磁性原子からなる磁性体が外部磁場 H，外部圧力 P のもとでもつギブスの自由エネルギー G は，

$$G = -(3/2)(j/j+1)NkT_C\sigma^2 - HM_s\sigma + (1/2K)[(V-V_0)/V_0]^2 - TkNS \\ + P[(V-V_0)/V_0] \tag{3-2}$$

と表される．第1項は交換エネルギー（分子場係数を A とすると交換エネルギーは $-(1/2)AM_s^2$ と表され，これを T_C を用いて変形した形）であり，T_C は V に依存する．第2項はゼーマンエネルギー，第3項は弾性エネルギー（結晶体積変化による電子系のエネルギーの変化分）で，K は圧縮率である．第4項の kNS（k はボルツマン定数）はエントロピーで磁気エントロピー $kNS_\sigma(\sigma, j)$ と格子エントロピー S_L の和である．第5項は外部圧力の項である．

磁気エントロピー $kNS_\sigma(\sigma, j)$ の S_σ は，σ が1に比べて小さい場合は次の (3-3) 式の様に σ に関する展開式の形で与えられ，転移の性質を論じるのに便利である．任意の σ に対しては次の (3-5) 式で計算できる（詳細は**付録**を参照）．

$$S_\sigma(\sigma, j) = S_\sigma(0, j) + a\sigma^2 + b\sigma^4 + c\sigma^6 + \cdots \tag{3-3}$$

ここで,

$$a = -(3/2)(j/(j+1)), \quad b = -(9/20)[(2j+1)^4-1]/[2(j+1)]^4 \quad (3\text{-}4)$$

などと表される．また，(3-3) 式に代わる $S_\sigma(\sigma, j)$ の正確な表式は次式で与えられる（付録を参照）．

$$S_\sigma(0,j) - S_\sigma(\sigma,j) = \alpha\sigma - \int_0^\alpha B_j(\alpha)d\alpha \quad (3\text{-}5)$$

ここで，$B_j(\alpha)$ は角運動量 j のブリルアン関数である．

以下の議論では (3-3) 式と，(3-5) 式の σ による微分，

$$\partial S_\sigma/\partial \sigma = -\alpha \quad (3\text{-}6)$$

を使う．

(3-1) を (3-2) に代入し，G の体積に対する極小条件，$\partial G/\partial V = 0$ より，

$$(V-V_0)/V_0 = (3/2)(j^2/j(j+1))NkT_0\beta\sigma^2 - PK \quad (3\text{-}7)$$

を得る．σ^2 に比例した磁気体積効果（ここでは交換磁歪と呼ぶことにする）が得られる．まず $P=0$ の場合を考える．(3-7) を (3-2) に代入すると V に関して極小になっている G が得られる．この G に対して σ に関する極小条件 $\partial G/\partial \sigma = 0$ を適用し，(3-6) 式を用いて整理すると，相対自発磁化 $\sigma(=M_s(T)/M_s(0))$ と温度 T および外部磁場 H の関係を表す次式が得られる．

$$(gj\mu_B/k)(H/T_0) = 2a\sigma[1+(2b/a)\eta\sigma^2] + (T/T_0)\alpha\cdots \quad (3\text{-}8)$$

ここで，

$$\eta = -(a^2/2b)NkT_0\beta^2 \quad (3\text{-}9)$$

η は β^2 に比例する．η は以下で述べるように自由エネルギーを σ で展開した場合の σ^4 の係数に含まれる重要なパラメターで，$\eta > 1$ では 1 次転移を示し $\eta < 1$ では 2 次転移となる（**付録も参照**）．a と b は (3-4) 式に与えられているし，α は $\sigma = B_j(\alpha)$ の関係から σ の関数である．(3-8) 式で j を決め，$H=0$

とおくと，種々の η の値に対して自発磁化の温度変化，$\sigma=\sigma(T/T_0)$，が計算できる．また種々の相対温度に固定すると，それぞれの相対温度で磁化曲線が計算できる．MnAs の $T=0$K での自発磁化は $3.4\mu_B$ であるので $j=3/2$ ($g=2$ とする）として，(3-8) 式を用いて，種々の η の値に対する σ の温度変化の計算結果が図 3-5 に示されている．また $\eta=2$ に固定していくつかの相対温度における磁化曲線の計算結果を図 3-6 に示す．

図 3-5，図 3-6 より，$\eta=1$ を境に，1 次と 2 次の転移に分かれる．$\eta=2$ の場合は，$t=1(=T/T_C)$ での自発磁化は 0.81，温度上昇過程での転移温度 T_C ($t=1.08$) での転移直前の磁化 σ は 0.6 であり，これらの値は，たとえば図 3-4 の実験結果とよい一致を示す．また自発磁化の温度ヒステリシスは $\Delta(T/T_0)=0.08$ であることを示している．実験による MnAs の $T_C(\text{up})=318$K，$T_C(\text{down})=T_0=301$K（結晶の正常熱膨張の影響を無視した場合は $T_C(\text{down})=T_0$ とおける）より，$\Delta(T/T_0)=0.06$ となり，上の計算値 0.08 にほぼ一致する．図 3-5 の $\eta=2$ の場合は MnAs の自発磁化の温度変化の実験結果をよく再現することがわかる．

実験によれば [3-19]，MnAs は $T_C(\text{up})$ 以上の温度でメタ磁性を示す．(3-8) 式を用い，$\eta=2$ の場合についての計算結果が図 3-6 である．$1<T/T_0\leq1.134$ の温度域では，転移磁場 H_C で磁化が飛びを示し，磁化曲線はヒステリシスを

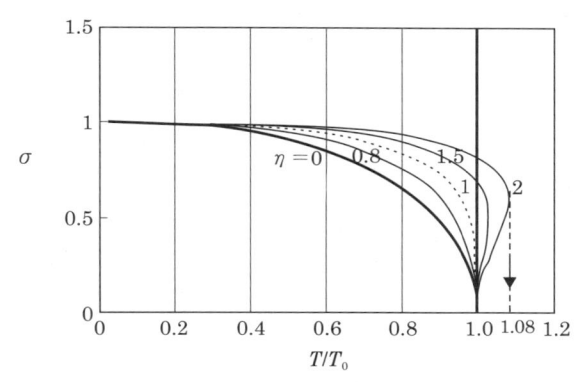

図 3-5　MnAs における，種々の η の値に対する相対磁化 (σ) と相対温度 (T/T_0) の関係．(8) 式を用いた計算結果．$\eta=2$ の場合が実験結果とよく一致する．

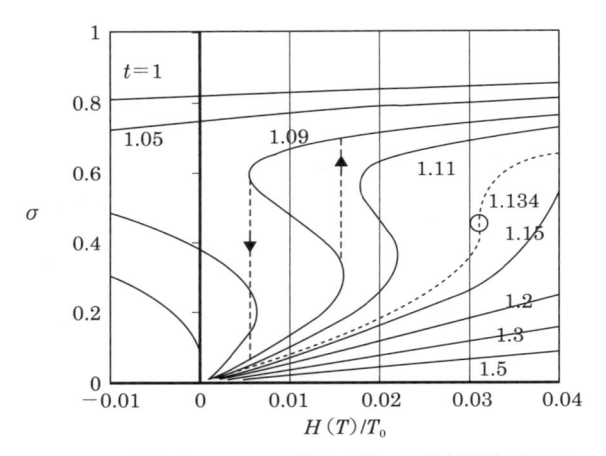

図 3-6　MnAs における，$\eta = 2$ の場合の種々の相対温度（$T/T_0 = t$）での磁化曲線の計算結果．$t=1$ では $\sigma = 0.81$ の自発磁化を持つ．たとえば $t=1.09$ ではメタ磁性的な磁化曲線を示している．$t \geq 1.134$ で磁化の飛びおよび磁化のヒステリシスがなくなる．

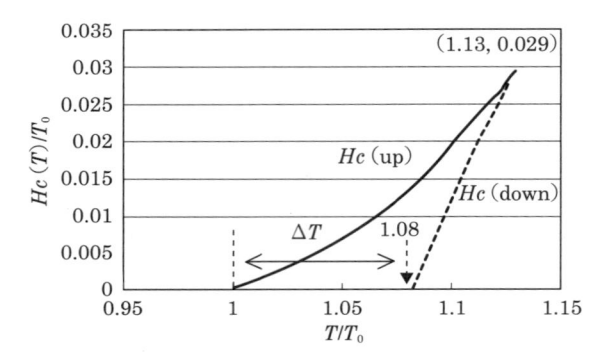

図 3-7　MnAs に対する $\eta = 2$ の場合での，メタ磁性転移の H_C(up) と H_C(down) の温度変化の計算値．

示す．図 3-6 より得られる磁場上昇（下降）過程での転移磁場 H_C(up)(H_C(down))を図 3-7 に示す．

図 3-7 より臨界点（$T/T_0=1.13, H_c/T_0=0.029$）は，まえにのべた $T_0=T_C$(down)$=301$K とすると，$T=340$K, $H=8.7$T となる．これらの値は Zieba ら

[3-20] による実験値 $T=345$K, $H=9$T とよく一致する．また Grazhdankina ら [3-19] の強磁場磁化曲線の結果は約 350K 付近に臨界点が存在することを示しておりこの結果ともよく一致している．図 3-7 は後の $MnAs_{1-x}P_x$ のネール温度 T_N 以上の温度域でのメタ磁性の解釈にも部分的に応用可能である．

以上に述べたように，MnAs の特異な磁性は Mn 原子スピン間の交換相互作用が結晶体積変化に対して敏感に変化する（η または β が大きい）と考えることにより現象論的な説明ができた．

次に MnAs の磁気体積効果について同様に論じる．それは（3-7）式で表される．$T/T_0=1.08$ での相対磁化の飛びは実験により約 0.6，また $\eta=2$ のときの計算値も 0.6 であった．この値と，図 3-3 に示される結晶体積の飛びの実験値 $\Delta V/V=0.021$ を（3-7）式に代入すると，

$$NkKT_0\beta=0.0648 \qquad (3\text{-}10)$$

を得る．一方磁化の温度変化より，

$$\eta=2=2.21\times NkKT_0\beta^2 \qquad (3\text{-}11)$$

が得られている．(3-10), (3-11) 式より，$\beta=14, K=3.8\times10^{-12}$ (c.g.s 単位) が得られる．これらの値は磁化の温度変化も $T=T_c$(up) での磁気体積効果（$\Delta V/V=0.021$）も同時に説明できる．しかし，T_c での $\Delta V/V$ は NiAs 型から MnP 型への結晶変態を伴っているので測定された $\Delta V/V$ は磁気体積効果と結晶変態に伴う体積変化の両方を含んでいる．磁気体積効果を論じるには結晶変態のない $MnAs_{1-x}Sb_x$ ($x>0.1$ で 0.1 に近い領域では T_c での転移は 1 次と 2 次の境界（$\eta=1$）にある）などが適する [3-18, 3-21]．

最後に転移点の圧力効果について述べる．(3-8) 式を求めるときに (3-7) 式で $P=0$ としたが，今度は P を残して H はゼロとして，(3-8) 式を求めたのと同じ計算をすると次式を得る．

$$0=2a\sigma[(1-\beta KP)+(2b/a)\eta\sigma^2]+(T/T_0)\alpha \qquad (3\text{-}12)$$

この式は圧力 P のもとでの σ と T/T_0 の関係をあたえる．今までの議論に基

づき $\eta=2$, $T_0=301\text{K}$ に固定する．具体的に計算するには βK の値が必要であるがこの値は不正確さはあるが (3-10), (3-11) 式に基づいて実験的に求めた $\beta K=5.32\times10^{-11}$ を用いることにする．種々の圧力のもとでの相対自発磁化 σ の温度変化の計算結果を図 3-8 に示す．その図から $T_C(\text{up})$ と $T_C(\text{down})$ が図 3-9 に示すように圧力の関数として得られる．

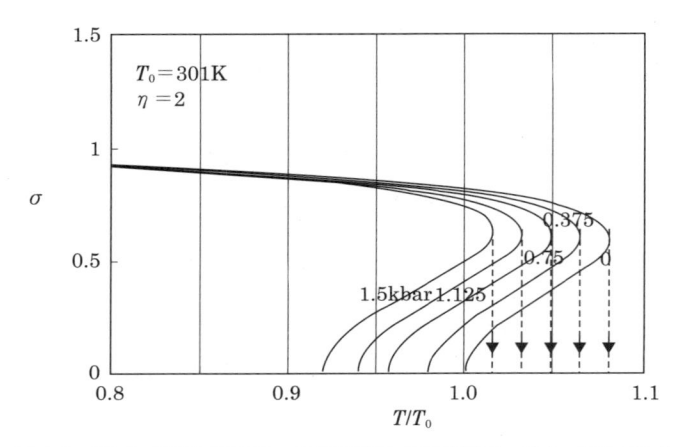

図 3-8　MnAsの圧力下での σ の温度変化の計算結果．$K\beta=5.3\times10^{-11}$ ($c.g.s$ 単位) の数値を使った．

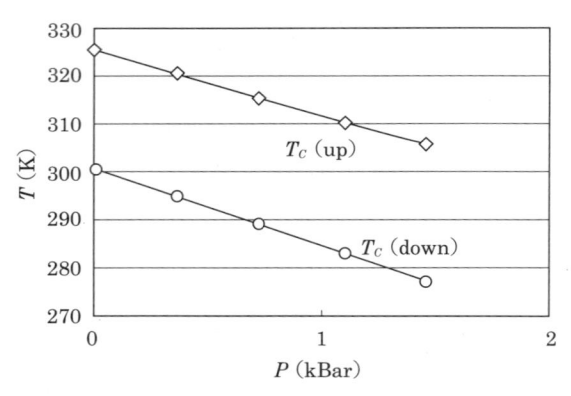

図 3-9　図3-8より得られるMnAsの1次転移点 $T_C(\text{up})$ と $T_C(\text{down})$ の圧力による変化．

第3章 磁性各論——実験結果と実験的側面からの簡単な考察—— 29

　図3-9に示した計算結果は，図3-10に示すMnAsの温度と圧力の状態図 [3-22] のNiAs型領域でのT_C(up)，T_C(down)の圧力による変化をかなり良く再現している．図3-10よりMnAsは加圧に対して結晶が簡単にMnP型へ転移することが分かる．この転移は1次転移であり，圧力に対して大きなヒステリシスを示す．例えば$T=100$Kで$P=3.1$kbar(0.31GP)以上に加圧すると，圧力を取り去っても結晶はMnP型のままで，元のNiAs型にはもどらない．この状態図は後に述べるMnAsのAsをP（リン）で置換した場合の状態図（図3-12）と類似である．これらの結果はNiAs型結晶構造の強磁性MnAsは極めて不安定であることを示している．強磁性の発生によって辛うじてNiAs型結晶構造が維持されていると考えられる．

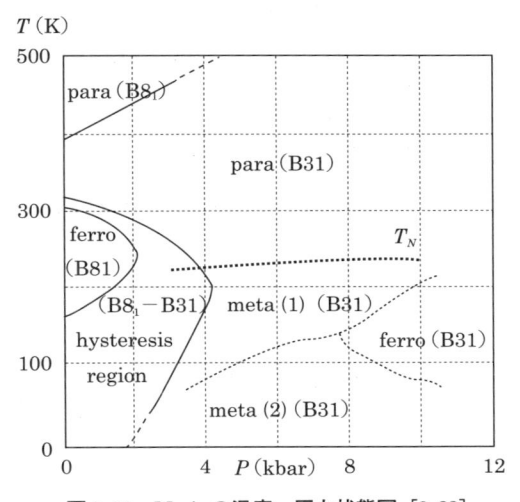

図3-10　MnAsの温度，圧力状態図 [3-22]

　上で述べたモデルはMnAsのMnがスピン3/2の局在モーメントをもち，(3-1)式に示すように，そのスピン間の交換相互作用が結晶体積の変化に対して直線的にかつ敏感に変化するという極めて単純な考えに立ち，MnAsが示す種々の特異な性質の全体を現象論ではあるが相互矛盾なく定量的に説明することが出来た．しかし，このモデルは2つの欠点をもつ．その1つは局在モデル

に立っていること，その2つは磁気転移点（$T_C(\mathrm{up})$）で同時に結晶構造変態（NiAs型からMnP型への）が起こっている点も無視していることである．理論編でMnAsの特異な磁性や結晶構造の不安定性などが，電子構造の計算をもとに遍歴電子の立場で説明されている．

3-2-2 種々の相転移を示す $\mathrm{MnAs}_{1-x}\mathrm{P}_x$

MnAs周辺の混晶として，$\mathrm{Mn}_{1-x}\mathrm{Cr}_x\mathrm{As}$〔3-23, 3-24, 3-25, 3-26など〕，$\mathrm{MnAs}_{1-x}\mathrm{P}_x$〔3-27, 3-28, 3-29, 3-30など〕，$\mathrm{MnAs}_{1-x}\mathrm{Sb}_x$〔本編 3-2-3〕など興味深いものが数多くある〔3-11〕．MnAsは結晶学的にMnP型への不安定性をもつ．したがってMnAsのAsをPで置換することにより，構成元素をあまり変えないでMnP型の結晶にすることができるし，逆にAsをSbで置換することにより，NiAs型として安定化される．ここではまず $\mathrm{MnAs}_{1-x}\mathrm{P}_x$ をとりあげる．

まず最初に，MnX(X＝P, As, Sb, Bi)のMn原子あたりの磁気モーメントと結晶の a 軸の長さの間の関係を図3-11に示す．個々の結晶構造の詳細は1に説明してある．図中のMnP，$\mathrm{MnAs}_{0.88}\mathrm{P}_{0.12}$ はMnP型の結晶構造をとり，六方晶のNiAs型が僅かに斜方晶に歪んだ構造である．この図ではMnP型で

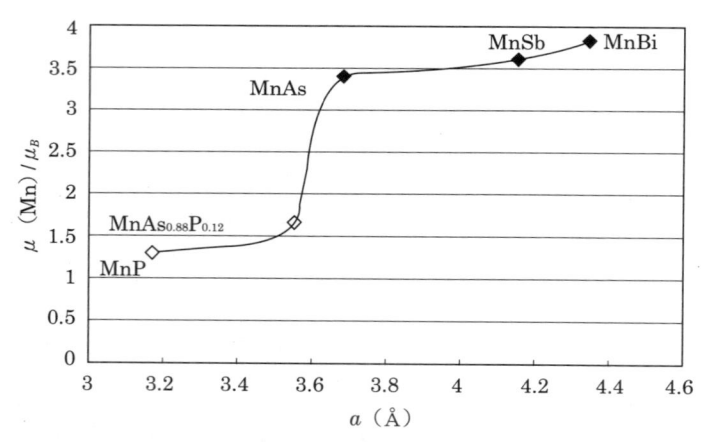

図 3-11　MnX化合物におけるMn原子当たりの磁気モーメントと格子定数（a）の関係．黒い点は結晶構造がNiAs型，白い点はMnP型であることを意味する．

の a 軸は NiAs 型の a 軸に対応する軸としている．この図は MnAs の磁気状態が僅かの P 置換により劇的に変化すること，および a 軸が MnAs の a 軸より長いと Mn は安定した磁気状態となり磁気モーメントもほぼ一定値をとることを示している．

MnAs—MnP の磁気的および結晶学的な状態図を図 3-12 に示す．これは文献 [3-31, 3-32, 3-33, 3-34] をもとに簡略化して再構成したものである．

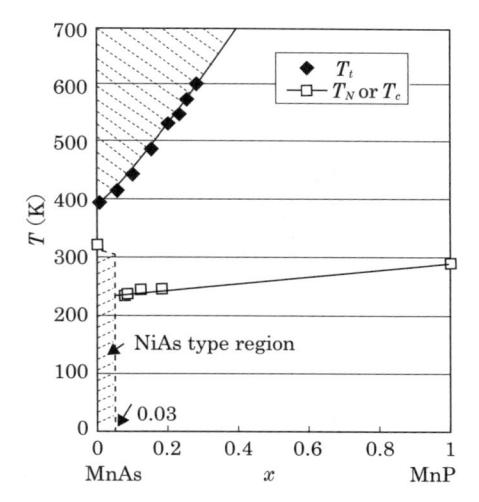

図 3-12　MnAs－MnP の磁気ならびに結晶状態図

図 3-12 において斜線部が NiAs 型結晶構造の領域であり，それ以外は MnP 型構造の領域である．MnAs の極く近傍 ($x \leq 0.03$) では強磁性で T_C では 1 次転移で磁化が消える．MnP 型領域ではネール温度 T_N 以下でのスピン配列は全ての組成にわたって詳しく調べられてはいないが主として 2 重ラセンのスピン配列を示す（2 参照）．これらの混晶の磁性を最初に実験し議論したのは Goodenough 等 [3-32] である．図 3-13 に彼らの $MnAs_{0.9}P_{0.1}$ の磁気温度曲線を中心に再構成した図を示す．ネール温度 T_N は 230K 付近にある．T_N 以下の温度では $T \leq \sim 100K$ では 2 重ラセンの磁気的秩序を持つが，外部磁場によるメタ磁性転移で比較的簡単に強磁性的配列になり Mn 原子当たりの磁気モーメ

32 実験編

ントは $1.6\mu_B$ と得られている［3-35］． ～100K$\leq T \leq T_N$ では強磁性的な磁化曲線を示すが，スピン構造はまだ明らかにされていない．MnAs$_{1-x}$P$_x$ の Mn の磁気モーメントが中性子回折［3-31, 3-27］や飽和磁化測定［3-35, 3-15］などで求められている．図 3-14 に示すように $x \geq 0.03$ において P の組成が増えると Mn 当たりのモーメントは僅かに小さくなる傾向がある（MnP では $1.3\mu_B$）．

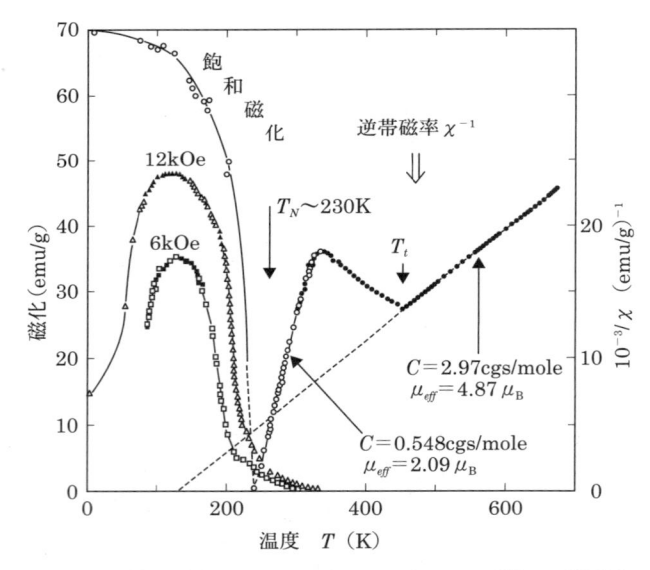

図 3-13　MnAs$_{0.9}$P$_{0.1}$ の飽和磁化［3-35］，一定磁場のもとでの磁化及び帯磁率の逆数の温度変化［3-32］．μ_{eff} は有効ボーア磁子を意味する．

図 3-13 から分かるように T_N 以上の常磁性温度域での逆帯磁率の温度変化の有様は MnAs の T_C(up) 以上でのそれと類似である．逆帯磁率の温度変化が負の勾配をもつ温度域は MnP 型構造が急速に NiAs 型構造に向かって変化する（MnP 型の結晶パラメター u, v, δ が 0 に向かう）領域であり［3-28, 3-36］，$T_t \leq T$ では NiAs 型の結晶構造をとる．図 3-13 の低温側のキュリー・ワイス則より求められる $\mu_{eff}=2.09\mu_B (p_A=gS\mu_B=1.3\mu_B)$ は低温での Mn の飽和磁気モーメント（図 3-14）とほぼ整合している．

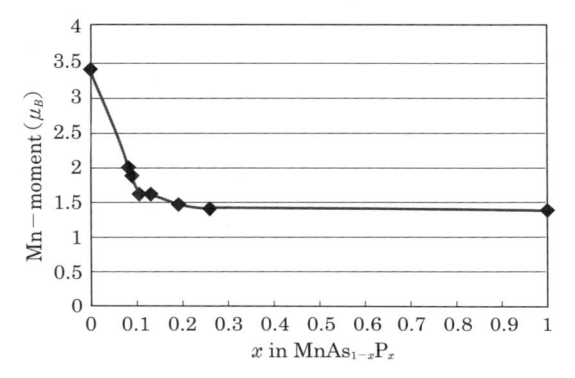

図3-14　**MnAs$_{1-x}$P$_x$におけるMn原子当たりの磁気モーメント**．$x=0$，0.1，0.25 および1のデータは飽和磁化の測定より求め［3-13, 3-35, 3-36, 3-38］，それ以外は中性子回折［3-27, 3-31］により求められた．

$T \geqq T_t$では$\mu_{eff}=4.87\mu_B$と求められ，MnAsと同様にMnが大きな磁気モーメントを持っている事に対応している．図3-13は，MnAs$_{0.9}$P$_{0.1}$のMnのスピン状態が温度上昇に伴う結晶構造の変化により低スピン状態（low spin state）から高スピン状態（high spin state）に転移することを示している．Goodenough等はこの低スピンと高スピンの考察を行った［3-32］．帯磁率と結晶構造の温度変化を対比させた実験も行われている［3-28, 3-36］．望月らはこれらの問題を電子構造の計算を基に遍歴電子の立場から説明した．これについては理論編で詳述される．

次にMnAs$_{0.9}$P$_{0.1}$における強磁場誘起の磁気結晶構造転移について述べる．MnAs$_{0.9}$P$_{0.1}$の強磁場のもとでの磁化の温度変化を図3-15に示す［3-15］．T_N以上の温度域では図3-16に示すように，MnAsのT_C(up)直上のMnP型温度域におけるメタ磁性と類似の磁化過程を示す．

図3-15および図3-16と類似の実験結果はMn$_{0.9}$Cr$_{0.9}$Asにおいても観測されている［3-38］．

図3-15および図3-16の実験は大阪大学のパルス強磁場装置を用いて得られたものである．MnAs$_{0.9}$P$_{0.1}$は通常の磁場のもとでは$T_N \fallingdotseq 230$Kの低スピン状態の2重ラセンのスピン配列を示すが，強磁場を作用することにより，図3-15

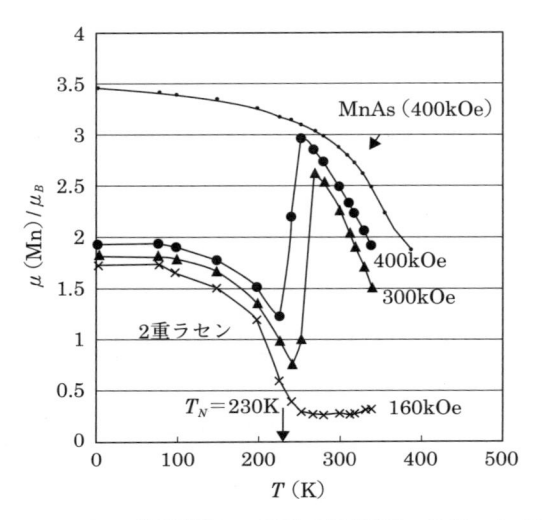

図 3-15　$MnAs_{0.9}P_{0.1}$の強磁場下での磁化の温度変化．比較のため$MnAs$のデーターも示した．

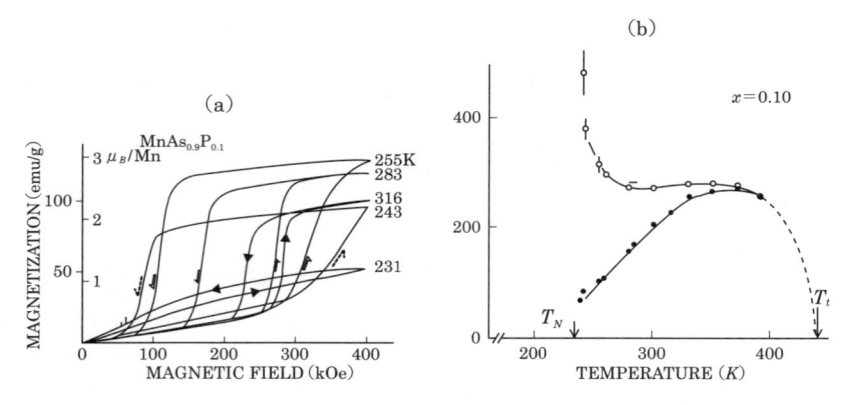

図 3-16　$MnAs_{0.9}P_{0.1}$のメタ磁性的磁化過程（左）と転移磁場（磁化曲線の変曲点）の温度変化（右）．白丸が磁場上昇過程，黒丸が下降過程．

および図 3-16 に見られるように，$T \gtreqless T_N$の温度域でメタ磁性転移によりMnAsと類似の状態に転移することを示している．この外部磁場誘起転移は，MnP型結晶構造をもつ低スピンの常磁性状態からNiAs型結晶構造をもつ高

スピンの強磁性状態への転移である．この転移は MnAs の T_C 直上の温度域でのメタ磁性転移と類似のものである．図 3-17 で MnAs と MnAs$_{0.9}$P$_{0.1}$ の比較をしておく．

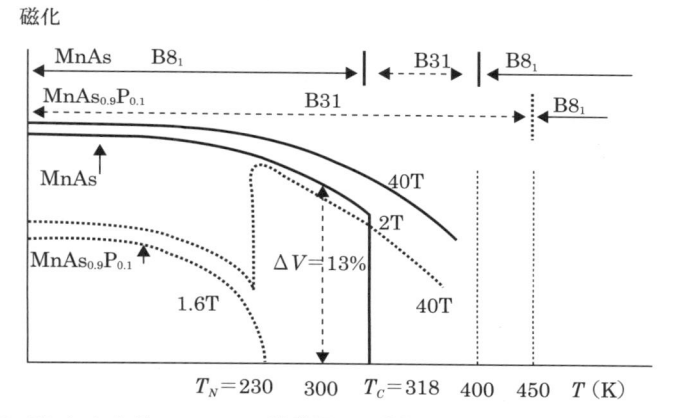

図 3-17 MnAs および MnAs$_{0.9}$P$_{0.1}$ の強磁場下の磁化の温度変化（模式図）と外部磁場がないときの NiAs 型（B8$_1$）と MnP 型（B31）結晶構造の温度領域．本文参照．

MnAs$_{0.9}$P$_{0.1}$ の T_N 以上の温度域におけるメタ磁性転移が上述の結晶構造相転移を伴うことは転移後の磁化の値が MnAs の値とほぼ一致することの他に，メタ磁性転移に伴う極めて大きな磁歪からも推測される．図 3-18 に示すように，$T=300$K における MnAs$_{0.93}$P$_{0.07}$ において，メタ磁性転移に伴う極めて大きな結晶体積の増加（体積磁歪）$\Delta V/V=0.15$ が観測された［3-39］．

図 3-18 の体積磁歪の値は異常に大きな値であるが理にかなっている．図 3-19 に MnAs$_{1-x}$P$_x$ の格子定数の温度変化を示す［3-28］．この図より MnP 型構造の $x=0.1$ の試料の 300K での結晶体積 $V(=abc)$ は 121Å^3 であり，図 3-3 より NiAs 型構造の MnAs の 300K での単位胞体積は 137Å^3 であり，後者は前者より約 13% 大きい（図 3-17 にも表示）．この事実により図 3-18 の異常に大きい体積磁歪が理解できるし，図 3-16 のメタ磁性転移は 1 割以上の極めて大きな体積磁歪を伴う結晶構造相転移（MnP 型—NiAs 型）を伴っていることが分かる．このような異常に大きい磁歪が起こりえる理由は図 3-19 に見られ

るように，メタ磁性転移が起こる T_N 以上の温度領域における異常に大きな熱膨張係数にある．熱膨張係数と弾性係数は逆比例の関係にあり，磁歪に伴う弾性エネルギーの増加が小さいため大きな磁歪を生じメタ磁性転移が起こりやすいと考えられる．図3-16において転移磁場が温度の低下と共に大きくなっているのが分かるが，これは熱膨張曲線［3-28］と密接に関係している．

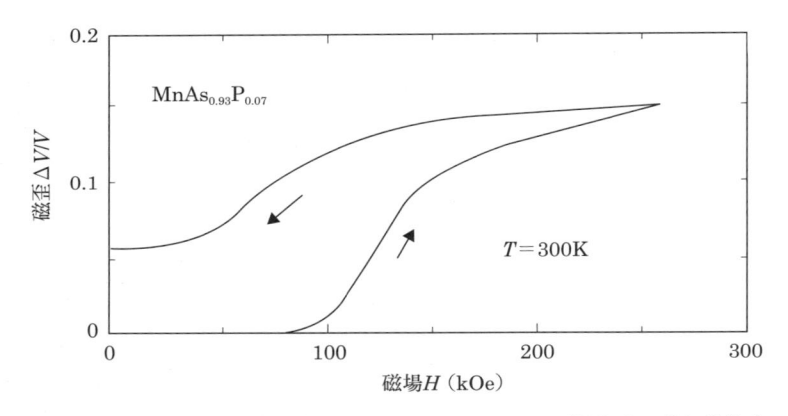

図3-18 パルス強磁場下で測定された $MnAs_{0.93}P_{0.07}$ のメタ磁性転移に伴う体積磁歪（$T=300K$）［3-39］．

図3-19から分かるように，$MnAs_{0.9}P_{0.1}$ の T_N 付近以下の温度域で急速に熱膨張係数が小さくなり，図3-16のメタ磁性転移磁場が急速に増大していることとよく対応している．$T=231K$ では400kOeの磁場まではメタ磁性転移は起こらない．図3-16は磁気的オーダーが発生する $T \leq T_N$ の温度域では，T_N 以上において見られた構造相転移を伴うメタ磁性転移と類似の磁場誘起転移は起こらないことを示唆している．上で述べた実験結果は T_N 以上の温度域で起こる磁場誘起のメタ磁性転移を考察する上で重要である．MnAsの T_C 直上の温度域におけるメタ磁性の現象論はすでに3−2−1で説明したが，それを類似の $MnAs_{0.9}P_{0.1}$ のメタ磁性に適用できる可能性がある．T_N における転移磁場の発散（図3-16）や，結晶構造相転移を伴う $MnAs_{0.9}P_{0.1}$ のメタ磁性転移は多少複雑であるが極めて興味深い現象である．遍歴電子磁性の立場での理論的検討が

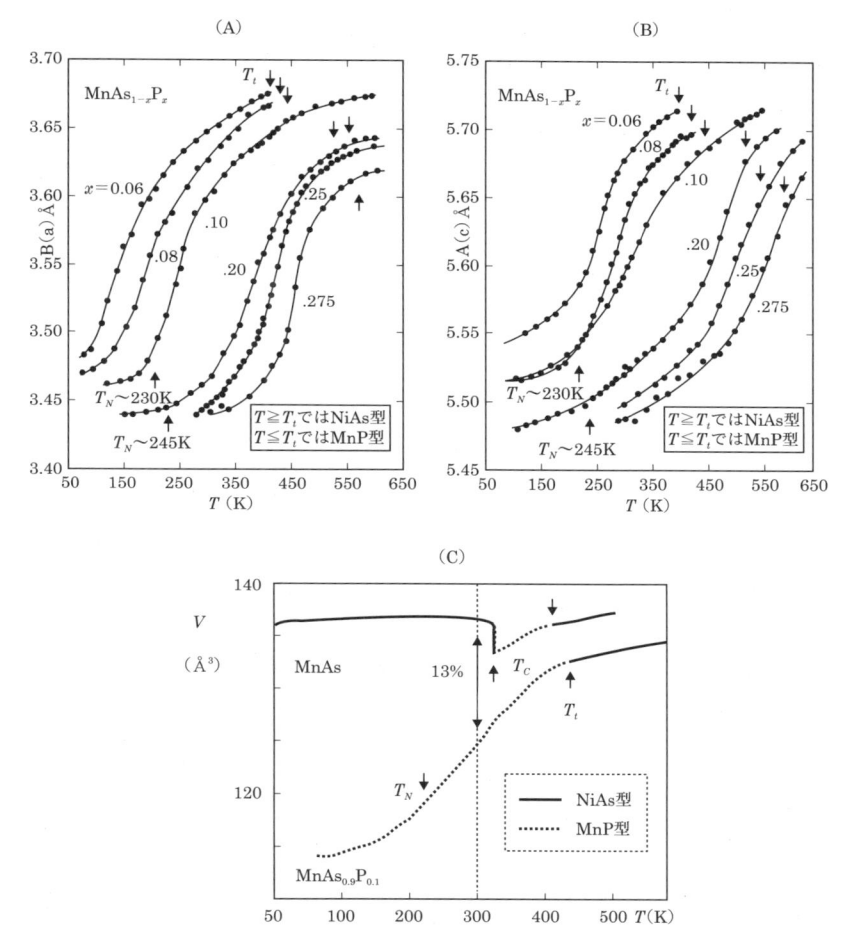

図 3-19 (A), (B)は$MnAs_{1-x}P_x$の格子定数の温度変化 [3-28]. (C)は (A), (B) と, 図示していないがb軸の温度変化を基にして計算した$MnAs_{0.9}P_{0.1}$の斜方晶としての結晶体積$V=abc$（六方晶の場合は$b=\sqrt{3}\,a$が成立）と図3-3の$MnAs$の結晶体積の温度変化を比較するための模式図.

期待される．実験的には超強磁場を用いた磁化測定などが重要である．

3-2-3　$MnAs_{1-x}Sb_x$における特異な磁性

$MnAs$のAsをSbで置換すると，$NiAs$型結晶構造が安定化する．図3-20に

MnAs−MnSbの磁気結晶状態図を示す[3-40, 3-41]．影をつけた部分がMnP型構造の領域であるが，$MnAs_{1-x}Sb_x$ の表示で $x≒0.1$ 付近でこの領域が消失する．x が0.1以上では T_C における磁気転移は2次となる．この系で注目されるのはキュリー温度 T_C と Θ_P が大きくずれる組成領域があることと，T_C が $x=0.35$ 付近で極小を示す点である．Mn当たりの磁気モーメントはわずかの組成依存性を示すが [3-42]，T_C が極小を示す組成 $x=0.35$ を含む $0.15≦x≦0.7$ では誤差の範囲内で一定である．T_C の極小については後で議論する．

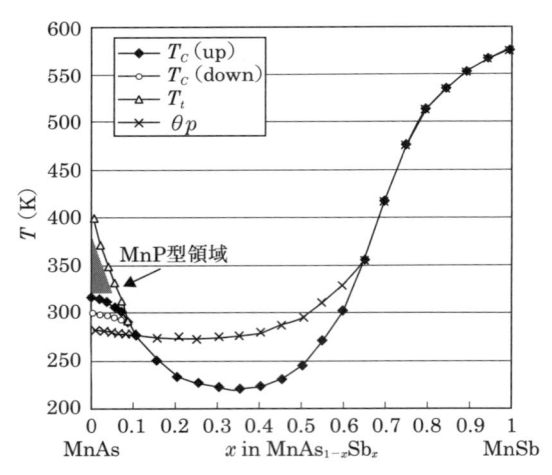

図3-20　$MnAs_{1-x}Sb_x$ の磁気結晶状態図．影をつけた部分が斜方晶MnP型，それ以外は六方晶NiAs型の領域である．全ての組成で強磁性を示す．$x～0.1$ 以下ではMnAsと同様に T_C で1次転移を示す．

結晶的には図3-21に室温での測定値を示すように，六方晶の a 軸はSb組成に対してMnAs近傍を除き直線的に極めて大きく増加する（MnAsとMnSbの間で約13%増加）が，c 軸には a 軸ほどの大きな組成変化は見られない（MnAsとMnSbの間で約1%増加）．c および a 軸の組成変化が点線で示した2つの組成の間でそれぞれ上および下にずれているのは，図3-20に示す T_C の組成変化と関係がある．即ち室温が T_C 以下であれば図3-22に測定例を示すように自発磁歪の影響が加わるが T_C 以上（$0.06<x<0.08$）では自発磁歪の影響

がない．図3-22に示す実験結果から $MnAs_{0.7}Sb_{0.3}$ の自発磁歪は $T=80K$ で a 軸は約 $+1\%$, c 軸は約 -0.7% の自発磁歪を示している．体積磁歪（$\Delta V/V$）では $+1.5 \times 10^{-2}$（$T=80K$）である．

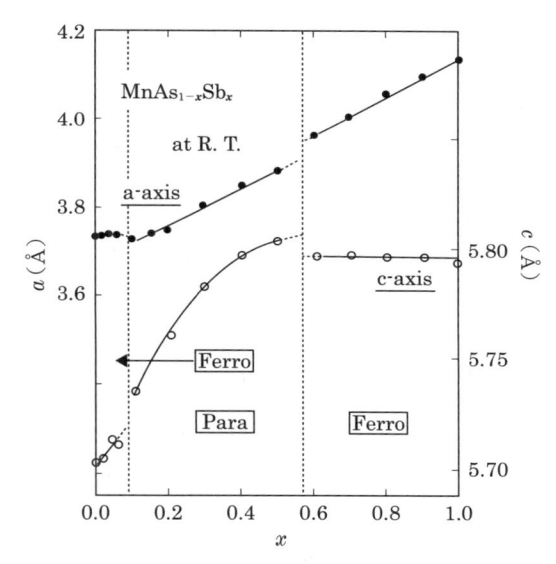

図 3-21　$MnAs_{1-x}Sb_x$ の格子定数の組成変化　[3-40]

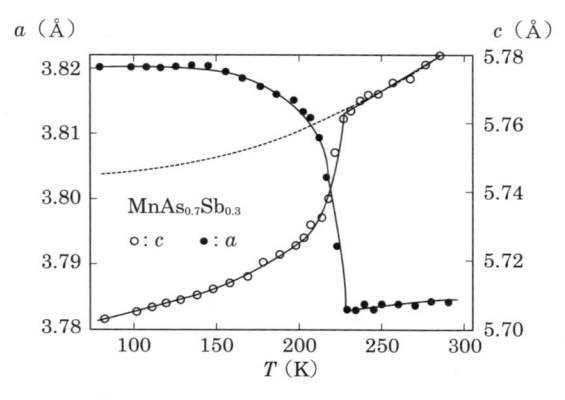

図 3-22　$MnAs_{0.7}Sb_{0.3}$ の格子定数の温度変化．227 K（$=T_C$）以下で自発磁歪が発生　[3-21]．

図 3-20 に示す T_C が組成に対して極小を示す実験結果は,図 3-22 の自発磁歪を局在モデル的に解釈するならば(3-2-1 の Bean and Rodbell のモデル)ある程度説明が出来る.すなわち T_c が結晶体積ではなく,c 軸および a 軸方向の交換相互作用パラメター J_c, J_a の関数で表され,J_a, J_c はそれぞれ格子定数 a_0, c_0 のまわりで格子定数に直線的に依存するものとすると,

$$J_a(a) = J(a_0) + A(a - a_0)$$
$$J_c(c) = J(c_0) + B(c - c_0) \qquad (3\text{-}13)$$

とかける.A, B は定数である.ゆえに T_c の格子定数 a, c に対する依存性は,

$$dT_c(J_c, J_a) = (\partial T_c/\partial J_a)(\partial J_a/\partial a)da + (\partial T_c/\partial J_c)(\partial J_c/\partial c)dc \qquad (3\text{-}14)$$

ゆえに,

$$T_c(a, c) - T_c(a_0, c_0) = (\partial T_c/\partial J_a) A(a - a_0) + (\partial T_c/\partial J_c)B(c - c_0)$$
$$= \alpha(a - a_0) + \beta(c - c_0) \qquad (3\text{-}15)$$

ここで,$(\partial T_c/\partial J_a)A = \alpha$,$(\partial T_c/\partial J_c)B = \beta$ と置いている.基準点 $T_c(a_0, c_0)$ を MnSb の格子定数および T_c とし,(3-13) 式と図 3-21 に示す格子定数の組成変化(ただし $x \geq 0.6$ では $T_c \geq$ 室温であるため,格子定数は強磁性状態での値であるのでこの領域の組成変化を $x \leq 0.5$ の領域の組成変化にスムーズに接続したものを近似的な格子定数の組成変化とした)を用いる.この様にして図 3-23 に示した $MnAs_{1-x}Sb_x$ における T_c の組成変化が計算できる.

図 3-23 の結果は,局在的なモデルに立ち,c 軸方向の交換相互作用パラメター J_c と,a 軸(または c 面)方向の J_a がそれぞれの格子定数の変化に対して直線的に変化すると仮定することにより T_c が a, c 軸に直線的に依存し ((3-13) 式),係数 $\alpha = 1360 K/Å$,$\beta = -3000 K/Å$ とすることにより得られた.$MnAs_{1-x}Sb_x$ における T_c が極小を作るような組成変化を定性的に説明できた.T_C の組成変化が極小を示すのは c 軸の異常な組成変化(この異常な組成変化の説明はできていないが)によることは計算しなくても明らかである.また図 3-22 の a, c 軸の自発磁歪は,a 軸は伸びることにより,また c 軸は収縮するこ

第 3 章　磁性各論——実験結果と実験的側面からの簡単な考察——　*41*

とにより T_C が上昇することを表しており，上で述べた α，β の符号と整合している．Bean-Rodbell のモデルで T_C の組成変化と自発磁歪や自発磁化の温度変化［3-21］などを定量的に大きな矛盾なく説明することは，もし a, c 軸方向の弾性率のデーターがあれば可能である［3-18］．高圧力下での MnSb や CrSb の格子定数の変化は長崎らによる 1.8GPa までの測定がある［3-43, 3-44］が，測定装置が進歩した今日ではこれら一連の化合物についてのより精密な測定はそれ自体としても価値がある．

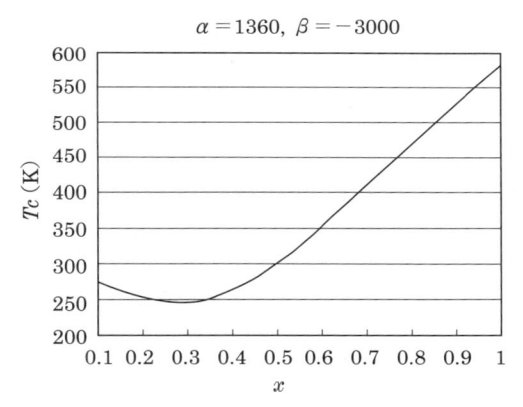

図 3-23　格子定数の組成変化の実験値と J_a, J_c の格子定数依存性を用いて求めた $\mathrm{MnAs_{1-x}Sb_x}$ の T_C の組成変化．T_C の極小は c 軸の異常な組成変化による（本文参照）．

次に $\mathrm{MnAs_{1-x}Sb_x}$ におけるメタ磁性的な性質について言及する．MnAs の T_C 直上の温度域でみられた様なメタ磁性は T_C での強磁性－常磁性転移が 1 次転移（$\eta \geqq 1$）であったから見られた現象である．したがって $\mathrm{MnAs_{1-x}Sb_x}$ では $x \leqq 0.08$（図 3-20 参照）では外部磁場によるメタ磁性転移がおこるが，$x \geqq 0.1$ では外部磁場によるメタ磁性転移はおこらない．しかしメタ磁性的な振る舞いは示す．3-2-1 での議論で η が 1 に近い値をとりかつ $\eta \leqq 1$ の場合の T_C 直上での磁化過程に相当する．図 3-24 に示す $\mathrm{MnAs_{0.7}Sb_{0.3}}$ の T_C 直上の温度域でのメタ磁性的（メタ磁性ではない）磁化過程［3-21］はまさにこのケースである．

42 実験編

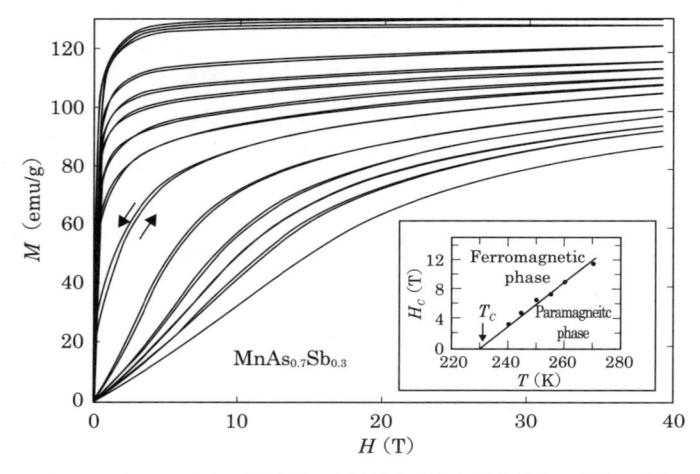

図3-24 **MnAs₀.₇Sb₀.₃**のパルス強磁場により測定された磁化曲線．磁化の大きい順に$T=4.2, 77, 180, 200, 210, 220, 225, 230, 240, 250, 255, 260, 270$ K での測定．挿入図は磁化曲線の変極点の磁場を温度に対してプロットしたもので，これより$T_C=230$ K となる [3-21].

このメタ磁性的な磁場誘起転移では MnAs のように MnP 型— NiAs 型間の結晶構造転移は伴っていない．メタ磁性を含むメタ磁性的な磁化過程は**付録**に示したように一般的に次の式で表される．

$$H = A_1\sigma + A_2\sigma^3 + A_3\sigma^5 + \cdots \quad (3\text{-}16)$$

ここでHは磁場，σは磁化である．A_1などは係数である．

局在的な Bean-Rodbell モデルも，山田による遍歴電子のメタ磁性モデル [3-45] も表式は同じであり (3-16) 式のσの係数の意味が異なる．図3-24 に示した実験結果は (3-16) 式でよく表現され係数A_1, A_2, A_3の温度変化が得られる．上の2つのモデルはともにA_1とA_3の温度変化を説明できるが，温度変化しないA_2を説明できない．実験的に決定する係数A_1, A_2, A_3の値は若干の遊びがある点も指摘しておかなければならない [3-21].

3-2-4　MnAs₁₋ₓSbₓ に対する高圧力効果

MnSb や MnAs₀.₈₈Sb₀.₁₂ [3-46] のT_Cの圧力変化，MnAs₀.₇Sb₀.₃ の高圧力に

よる磁性の変化［3-47］が測定されている．MnSb のキュリー温度 T_C は 5GPa の加圧（固体圧縮）で約 200K（約 590K から約 390K へ）下がる［3-48］．一方 MnSb の a および c 軸は 5GPa の加圧（固体圧縮）でそれぞれ約 2%, 0.1Å（4.13Å から 4.03Å）および約 4%, 0.23Å（5.78Å から 5.55Å）減少する［3-44］．これは圧縮率，$K = -(1/V)(dV/dP)$，に換算すると $8.6 \times 10^{-11} Pa^{-1} (= 8.6 \times 10^{-12} cm^2 dyn^{-1})$ となりこの種の金属間化合物においては一般的な値である［3-43］．MnSb では圧縮のされ方が異方的でかつ大きく，等方的で最密構造をもつ銅の圧縮率の値の約 4 倍，ニッケルの約 8 倍の値を持つ．MnSb では図 3-22 に示す MnAs$_{0.7}$Sb$_{0.3}$ と異なり，格子定数の温度変化［3-49］において c 軸は T_C で異常を示さず（即ち自発磁歪がないということ）a 軸のみに正の小さな自発磁歪がみられる．この結果は a 軸が伸びることにより，MnSb の強磁性が安定化されることを示している．言い換えれば，局在的なモデルに立てば a 軸が増加（減少）することにより，c 面内での Mn－Mn 交換相互作用パラメーター J_a が増大（減少）することを示している．これは図 3-20 と図 3-21 に示す MnAs$_{1-x}$Sb$_x$ の Sb 寄りの組成領域 $x \geq 0.6$ における T_C の組成変化（x の増加に伴う増加）と格子定数の組成変化（x の増加と共に a 軸は増加し c 軸はほぼ一定）とも整合している．上で述べた MnSb の加圧による T_C の減少は加圧による a 軸（c 軸ではなく）の減少が重要な働きをしている可能性がある．このように磁性と格子定数が密接に関係していることは明らかであり，今さら言うまでもないが，これをミクロな電子状態とどのように関連づけてどこまで説明できるかは今後に残された問題である．

次に MnAs 寄りの組成を持つ MnAs$_{0.88}$Sb$_{0.12}$ の T_C の圧力効果について述べる．この組成では MnAs と異なり T_C での転移は 2 次転移である．図 3-25 に示すように加圧により磁化の温度変化は T_C で温度ヒステリシスを示すようになりヒステリシスの温度幅は圧力の増加とともに大きくなる．1.2GPa の加圧では結晶が NiAs 型から MnP 型に変わっている可能性を示している．

MnAs$_{0.88}$Sb$_{0.12}$ は，図 3-20 にも示されているように MnAs の T_C での 1 次転移が 2 次転移に移行する付近の組成を持っているので，1 次転移に近い 2 次転移を示しているとみなせる．加圧による温度ヒステリシスの発生は T_C での転

移が加圧により1次転移に変わったことを示している（図3-25は自発磁化の温度変化ではないので，特にP=0.8, 1.0GPaの圧力下では磁化の温度変化に1次転移の特徴が出ていないが大きな温度ヒステリシスを示しているので1次転移とみなせる）．この結果はBean-Rodbellのモデルでうまく説明できることを以下で示す．この化合物は常圧下でT_Cでの転移が1次と2次の境界付近にあるので，$\eta=1$(3-2-1の(3-11)と(3-12)式参照)と仮定する．あとは3-2-1の(3-12)式に対して，MnAsと同じパラメター，$T_0=300K$, $K\beta=5.3\times10^{-11}$(CGS単位)を用いてMnAsの場合（図3-5）と全く同様に計算すると図3-26に示す結果が得られる．

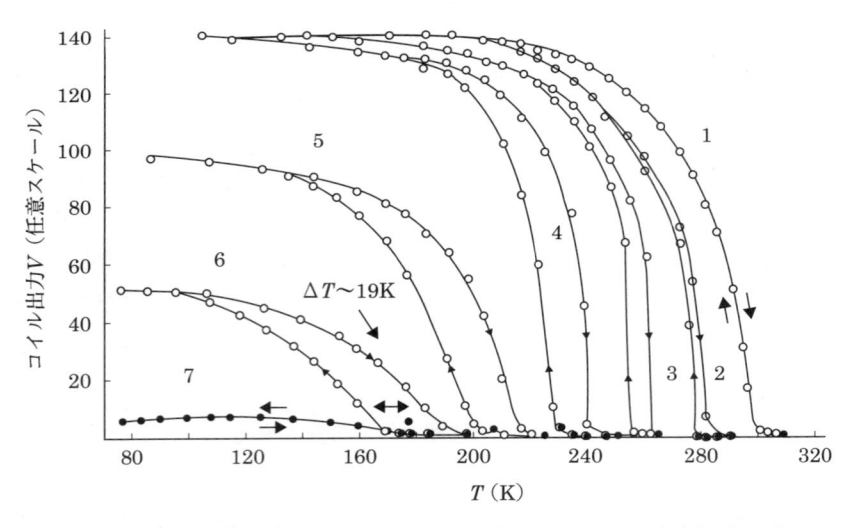

図3-25 MnAs$_{0.88}$Sb$_{0.12}$の高圧力下における磁化（任意スケール）の温度変化 [3-46]．1, 2, 3, 4, 5, 6, 7の番号は圧力がそれぞれ0, 0.2, 0.4, 0.6, 0.8, 1.0, 1.2 GPaであることを示す．

実験との一致をよくするためのパラメター操作をしないで計算した図3-26が，加圧により2次転移が1次転移になり，図3-25の実験結果と定量的にもかなりよい一致を示していることがわかる．このように交換相互作用パラメターが結晶体積（または格子定数）の変化に直線的に依存するとした局在的分子場理論（Bean-Rodbellのモデル）が局在性が少し強い遍歴電子磁性体の有

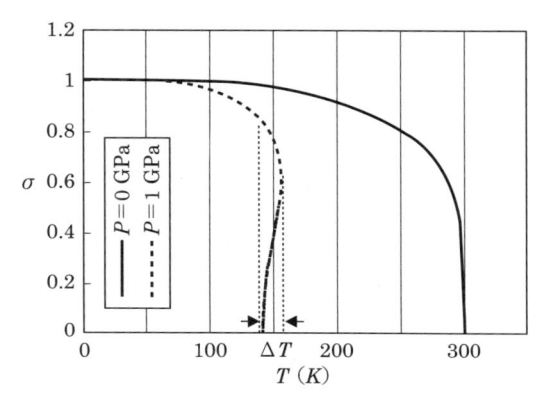

図 3-26 MnAs$_{0.88}$Sb$_{0.12}$ ($\eta = 1$, $T_0 = 300$ K, $\beta K = 5.3 \times 10^{-11}$ (CGS単位) とする) に対する常圧および高圧 (P = 1 GPa) 下での相対自発磁化 (σ) の温度変化の計算カーブ. P = 1 GPaではヒステリシス温度幅は15 Kである.

限温度での種々の性質を説明できるのは注目しなければならない.

次にMnAs$_{0.7}$Sb$_{0.3}$について，7Tまでの強磁場下で，最高1.2GPaの静水圧に近い固体圧縮による圧力効果の実験結果について述べる [3-47]．この化合物はT_Cで2次転移を示すことは既にのべたが，図3-24に示したようにT_Cの直上の温度域でMnAsの性質を引きずったメタ磁性的な磁化過程を示す．図3-27に磁化温度曲線の圧力による変化を示す．1.2GPaの加圧によりT_Cが70K低

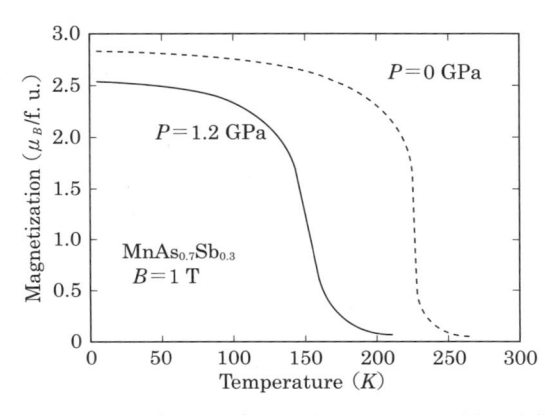

図 3-27 MnAs$_{0.7}$Sb$_{0.3}$の常圧下と高圧下 (1.2 GPa) での磁化温度曲線 [3-47]

下している（前出の$MnAs_{0.88}Sb_{0.12}$では105K低下）．この図ではT_Cでの転移が加圧により2次から1次に変わっていないように見えるが，図3-25に示す0.8GPaおよび1.0GPaの圧力下での大きな温度ヒステリシスを示す磁化（に比例する量）の温度変化と比較すると，図3-27の1.2GPa下でのT_Cでの転移は1次になっている可能性がある．圧力下での自発磁化の温度変化ならびにT_Cでの温度ヒステリシスを測定すれば，転移が1次か2次かの判断ができる．

次に$T=4.2K$での磁化曲線の圧力変化を図3-28に示す．

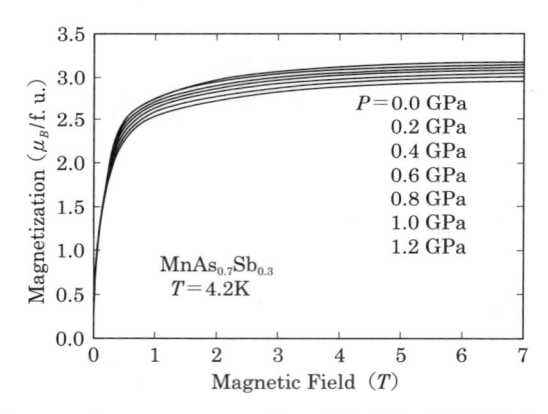

図3-28　$MnAs_{0.7}Sb_{0.3}$の$T=4.2K$での磁化曲線の圧力効果 [3-47]

4.2Kでの自発磁化は絶対零度での自発磁化とみなされるので，自発磁化の加圧による大きな減少が観測されている．Mn当たりの自発モーメント$M(\mu_B)$は圧力をGPa単位で表示すると，

$$M = 3.185 - 0.126P - 0.052P^2$$

と表すことができる．弱い遍歴電子強磁性体に対しては自発磁化M_sの圧力変化とT_Cの圧力変化を関係付ける式，$d\ln M_s/dP = (2/3)d\ln T_C/dP$，が高橋により導出されている [3-50] が，強い強磁性体に属する$MnAs_{0.7}Sb_{0.3}$に対する上述の結果をこの式で表現することはできない．$T=4.2K$での自発磁化の圧力変化は格子定数を変えて磁気モーメントを計算した結果と定性的な一致をみてい

る [3-47]. 今後に残された課題は多い.

3-2-5 $Mn_{1-x}Cr_xAs$, $Mn_{1-x}Ti_xAs$ などの磁性

MnAs は結晶学的に MnP 型への不安定性をもつので，MnP 型結晶の CrAs との混晶 $Mn_{1-x}Cr_xAs$ は $MnAs_{1-x}P_x$ と同様に，僅かの置換量 x で結晶は低温側では MnP 型になるが，温度を上げると NiAs 型に結晶変態をする. $MnAs_{1-x}P_x$ と異なり $Mn_{1-x}Cr_xAs$ は Mn を置換した混晶であるため，磁気的には $MnAs_{1-x}P_x$ と異なるが類似の部分も多い [3-51 など]. $MnAs_{1-x}P_x$ と同様に種々の興味深い磁気的性質を示す. 2 種類の $3d$ 金属を含む複雑さはある.

MnAs, MnSb の Mn を非磁性の Ti で置換すると TiAs(Sb) 近傍の組成を除いて NiAs 型の結晶構造をとり，磁性原子が希釈される. 両者ともに T_C は Ti の組成増加とともに急激に減少し，外挿すれば大略 $x=1$ に向かってゼロに近づく. 後者は $x=0.8$ の周りの組成で，低温でスピングラスとなる [3-52]. $Mn_{1-x}Ti_xAs$ では，T_C 以上で測定される帯磁率から，Ti からの寄与と思われる温度によらないパウリ常磁性帯磁率 ($\chi_p=1\times10^{-6}$emu/g) を差し引くと，その帯磁率の逆数は温度に対して右上がりの直線となり，いわゆるキュリー・ワイスの法則が成立する [3-13]. このキュリー・ワイスの法則から常磁性キュリー温度 Θ_p および Mn 原子当たりの有効ボーア磁子，$\mu_{eff}=g\mu_B\sqrt{S(S+1)}$ が求められる. μ_{eff} より g 因子を 2 として $gS\mu_B$(S はスピン)$=P_A$(原子モーメントと呼ぶ) を計算できる. $\Theta p, T_C$ および P_A を Ti の組成に対して図示すると図 3-29 のようになる. $Mn_{1-x}Ti_xSb$ についても類似の結果が得られている [3-13]. この図で特に注意するべき点は P_A が Ti の組成に対して殆ど一定であることである. P_A を求めたプロセスを含め上で述べた全ての結果を遍歴電子の立場から説明する必要がある. $Mn_{1-x}Ti_xAs$ ($0\leq x\leq 0.9$) の格子定数の温度変化（磁気体積効果）や T_C の圧力効果なども報告されている [3-18].

48 実験編

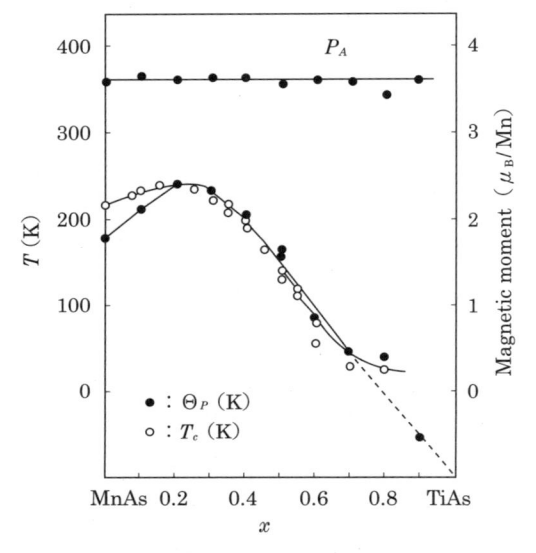

図 3-29　$Mn_{1-x}Ti_xAs$ の T_c, Θ_p, P_A（$=gS\mu_B/Mn$，なお本文参照）の組成変化．$Mn_{1-x}Ti_xSb$ も類似の性質を示す [3-13].

3-2-6　MnAs 周辺化合物の室温磁気冷凍作業物質への応用

物質に外部磁場を作用させるときエントロピーが大きく減少するなら，その物質は磁気冷凍作業物質に適する．磁場による磁化の増加（強磁性状態では自発磁化を基点にした外部磁場による磁化の増加）は磁気秩序の増加であり，したがって磁気エントロピーの減少をもたらす．強磁性の場合，外部磁場の印加により磁化が大きく増加するのは，T_C での転移が 2 次転移の場合は T_C を中心にした T_C 近傍の温度領域であり，1 次転移の場合は T_C 直上の温度域である（図 3-4 や図 3-6 なども参照）．MnAs などのように T_C で 1 次転移を示す強磁性体は T_C 直上の温度域で必ずメタ磁性を示すが，メタ磁性転移磁場 H_C は温度上昇に伴い大きくなる（図 3-7）．図 3-30 に T_C の上下の温度における定性的な磁化曲線を示しておく．

種々の温度で磁化曲線が実験的に（分子場モデルでは計算も可能）求められれば，局在モーメントの場合には 3-2-1 の σ に関する展開式 (3-3) を用いて磁気エントロピーに変換できる．ゆえに種々の外部磁場下での磁気エントロ

第3章 磁性各論——実験結果と実験的側面からの簡単な考察—— 49

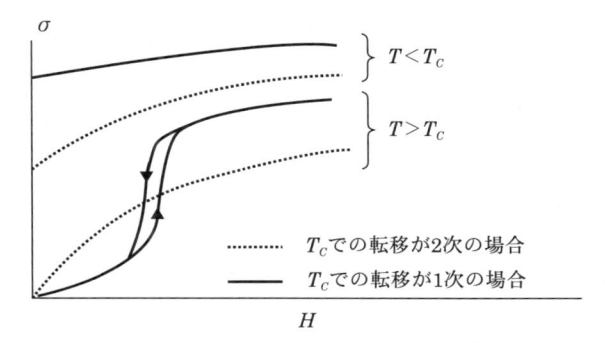

図 3-30 T_C 近傍の T_C 上下のある温度での磁化曲線 (定性的な図)

ピーの温度変化がえられる*.

　断熱状態においては，外部磁場印加による磁気エントロピーの減少分は格子振動のエントロピーに付加されるので格子振動が激しくなり温度が上昇する．この温度上昇 ΔT は磁気熱量効果と呼ばれる．他の条件を同じとすれば ΔT が大きいほど磁気冷凍作業物質としては望ましい．この ΔT について以下で簡単に説明しておく [3-53]．

　上で述べた方法で求めた磁気エントロピー S_M の温度変化の定性的な図を図 3-31 に示す．

　磁性体の全エントロピー S_T は S_M に格子のエントロピー S_L が付け加わる．S_L は格子比熱 C_L が温度域 $T_1 \leqq T$ (T_1 は T_C 直下付近の温度とする) で一定値をとるとすると (室温付近だから) T_1 を基準の温度として，

---

*　磁気エントロピーの磁場 H の印加による減少分 ΔS_M の温度変化は，$H=0$ と $H=H$ のもとでの比熱の温度変化の測定値の差を求めれば得られる．また熱力学のマックウェルの関係式 $(\partial S/\partial H)_T = (\partial M/\partial T)_H$ を積分して，

$$\Delta S_M = \int_0^H (\partial M/\partial T)_H dH$$

ここで M は磁場 H のもとでの磁化であるので，種々の磁場のもとで磁化の温度変化を測定し，それぞれの温度で磁化の温度微分を磁場で積分すれば ΔS_M の温度変化が得られる．この際に磁場 H の下での磁化 M とは磁区や磁気異方性の影響がなく，全ての原子磁気モーメントが磁場 H の向きに揃った状態での磁化である点は注意を要する．

50　実験編

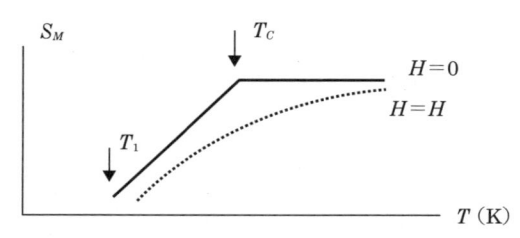

図 3-31　磁気エントロピーの温度変化（2次転移の場合の定性的な図）．T_1は本文参照．

$$S_L(T) - S_L(T_1) = \int_{T_1}^{T} C_L dT/T = C_L \ln(T/T_1) \tag{3-17}$$

したがって格子のエントロピーは近似的に温度に対して右上がりの直線である．図 3-31 の S_M に S_L を加えて全エントロピー S_T の温度変化を定性的に図 3-32 に示す．

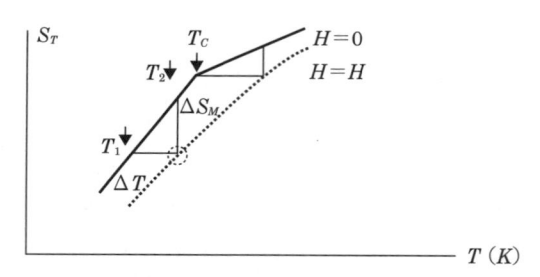

図 3-32　$H=0$，$H=H$ 下での T_C 近傍における全エントロピーの定性的な温度変化

　図 3-32 を参照すると，$T=T_1(H=0)$ の状態にある磁性体に断熱的（S_T一定）に磁場 H を加えると温度が $T=T_2$ まで ΔT だけ上昇する（逆向きの過程では温度が下がる）．$T=T_2(H=H)$ に到達したこの状態は，$T=T_2(H=0)$ の状態にある磁性体に等温過程で（すなわち磁性体から外部に放熱して温度を一定に保ちながら）磁場を H まで増加させた状態と同じである．前者の断熱過程（S_Tは一定）は外部磁場によってスピンが揃いスピン系のエントロピーは減少し，その減少分が格子系に移り格子振動を激しくし，放熱しない（断熱）から

温度が上がるという過程であり,後者の等温過程は断熱過程と同じ操作であるが磁性体から放熱させて温度を一定のまま変化させる過程である.磁気冷凍(冷房)は,まず$(T_2, H=0)$から出発し,$(T_2, H=H)$に至り,この間に磁性体から出た熱を外部(屋外)に放出する.次に断熱的に磁場Hを取り去ると$(T_1, H=0)$に至る.結局磁性体の温度はT_2からT_1に下がるので周囲(屋内の空気)から熱を奪う.このサイクル(上の過程はまだ半サイクル)を繰り返して冷却効果が生じる.サイクルを繰り返すうちに室温が下がり磁気冷凍作業物質自体の温度も下がるので作業物質はある程度の温度範囲で動作するものでなければならない.作業物質としては,ある程度の温度範囲において磁気熱量効果ΔTが(弱い磁場でも)大きいものがよい.図3-32より,$T \geqq T_C$では,$dS_T/dT = dS_L/dT \fallingdotseq \Delta S_M/\Delta T$.(3-17)式より$dS_L/dT = C_L/T$だから,

$$\Delta T \fallingdotseq T \Delta S_M / C_L \fallingdotseq T_C \Delta S_M / C_L \tag{3-18}$$

ゆえに外部磁場による磁気エントロピーの減少が大きいものほどΔTが大きい.

$T<T_C$では,$T \leqq T_C - \Delta T$の温度では$dS_T/dT = dS_L/dT + dS_M/dT = C_L/T + dS_M/dT$であり,

$$\Delta T \fallingdotseq T_C \Delta S_M / (C_L + C_M(H=0)) \tag{3-19}$$

となるので,$H=0$での磁気比熱C_Mの測定が必要であるが,(3-18),(3-19)式を比べれば,ΔTは$T<T_C$では$T>T_C$での値に比べてかなり小さくなることが分かる.和田等はMnAsやMnAs$_{1-x}$Sb$_x$を磁気冷凍作業物質として検討した[3-54, 3-55, 3-56].和田らの実験結果の1例を図3-33に示す.

図3-33の(b)の磁気エントロピーの減少ΔS_Mはいろいろな磁場Hの下での磁化の温度変化の測定により求めている.(a)は(b)に示した磁気エントロピーの減少の温度変化とゼロ磁場下でのエントロピー[3-56]の温度変化を用いて間接的に求めたものである.断熱的に磁場を加えて測定する磁気熱量効果ΔTの直接測定方法やGd金属に関する実験と解析については文献[3-57]を参照していただきたい.

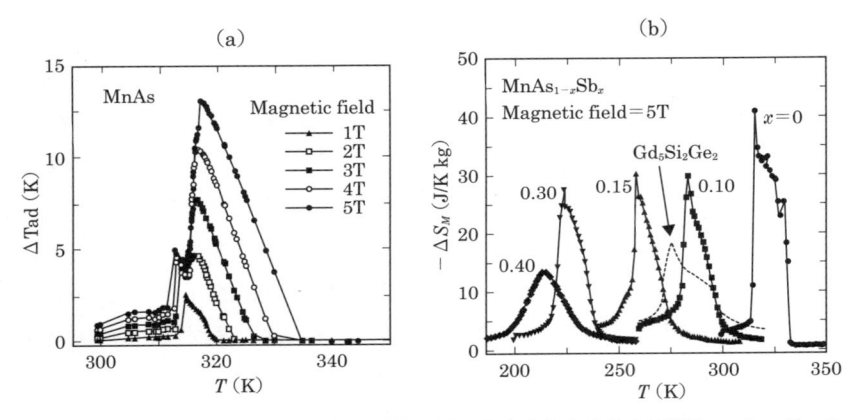

図 3-33 (a) 全エントロピーS_Tの温度変化と磁化の温度変化より求めた磁気エントロピーの減少より間接的に求めたMnAsの磁気熱量効果ΔTの温度変化，(b) MnAs$_{1-x}$Sb$_x$の5Tの磁場印加による磁気エントロピーの減少$-\Delta S_M$の温度変化．

最後に，小さいSb組成を持つMnAs$_{1-x}$Sb$_x$はT_Cの圧力による降下が顕著であることは3-2-4で論じてきたが，外部磁場の代わりに圧力を用いてこれらの化合物を磁気冷凍作業物質として働かせることができないであろうか．

図から分かるように，磁場の場合（図3-31）は磁場を等温的に加えることにより磁気エントロピーが減少したが，圧力の場合は圧力がかかった状態を起点に考えれば等温的に圧力を取り去ることにより磁気エントロピーが減少する．技術的にどちらが望ましいかは検討の余地がある．

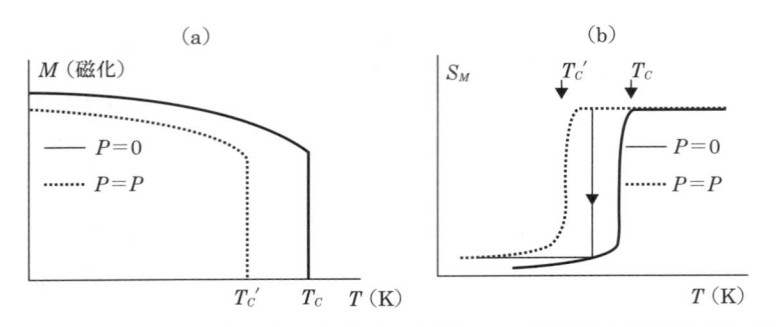

図 3-34 MnAs$_{1-x}$Sb$_x$（xは小さい）などのようなT_Cで1次転移またはそれに近い化合物における圧力による磁気冷凍作業物質としての動作原理．

3-3 MnSb および MnBi の磁性

これらの化合物はともに強磁性で，1-4 および 2-1 で基本的な性質は言及してある．MnSb については 3-2-4 でも言及したのでここでの説明は省略する．ここでは MnBi について説明する．1-3 の表 1-2 や図 3-11 などに示したように MnBi は MnSb よりさらに大きな格子定数を持った NiAs 型の結晶であり，Mn 当たりの磁気モーメントは $3.8\mu_B$, T_C は 628K で 1 次転移（温度ヒステリシスは 15K ある）により常磁性に移る［3-58］．図 3-35 に自発磁化の温度変化を示す．図には低温相（low temperature phase: LTP）MnBi と高温相をクエンチして得られた $Mn_{1.08}Bi$（quenched high temperature phase：QHTP）の両方に対する結果が示されている．低温相 MnBi は T_C で 1 次転移を示すが，この転移は MnBi から，非化学量論的な高温相 $Mn_{1.08}Bi$ への転移を

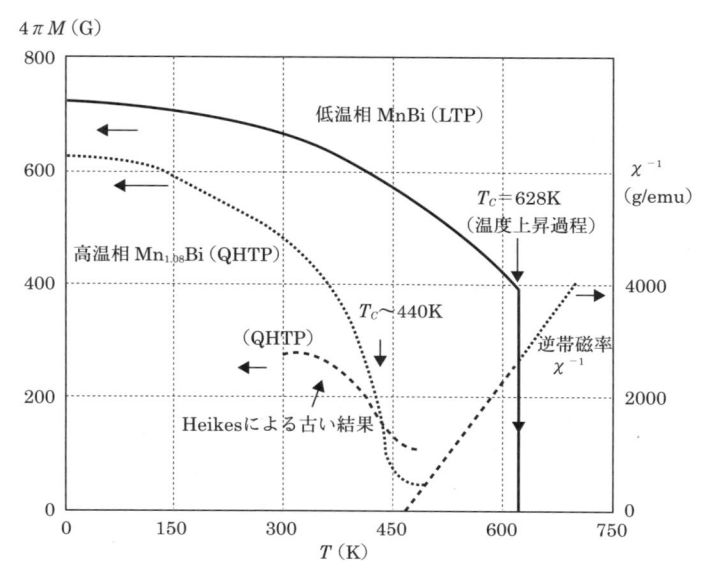

図 3-35 MnBi（$T \leqq T_C$）と高温相（$Mn_{1.08}Bi$）の自発磁化と帯磁率の逆数の温度変化．より古いデーター（破線で示す）を比較のため載せた．

伴っている．高温相は低温相より自発磁化も T_C も小さい．これらの傾向は $Mn_{1+x}Sb$ の場合と類似であるが，$Mn_{1+x}Bi$ の場合は x の値が 0.08 に限られている．

　高温相は，包晶温度である 446℃ で Mn と Mn-Bi の液体に分解する．MnBi は高温相も低温相も室温付近で c 軸を磁化容易軸とする非常に大きな磁気異方性（$K \sim 2 \times 10^7 erg/cm^3 = 2 \times 10^6 J/m^3$）をもつ［3-58］ので，永久磁石材料［3-59］として検討されたこともあったが，磁化が大きくなくまた結晶作成が困難（包晶反応により生成するため，結晶作成には包晶点直下の温度での長時間焼結を要する）などのため磁石材料としては適さない．薄膜磁気記録などの別の観点からの応用の検討の余地があるかも知れない．MnAs の T_C での 1 次転移を含む諸性質が検討されてきているのに比べて，MnBi の 1 次転移などの理論的な考察はなされていない．

3-4　CrAs とその周辺化合物

3-4-1　CrAs における特異な磁気転移

　MnX で表される Mn プニクタイドが強磁性またはそれに近い磁気的オーダーを示すのに対して，CrX(X=As, Sb) は，反強磁性またはそれに近い磁気的オーダーを示す．特に興味深い磁気的性質を示すのは CrAs であるので，CrAs を中心にその周辺の混晶の磁気的性質を以下で述べる．

　CrAs は 2 重ラセンのスピン構造（2-1 参照）を持ち温度上昇過程では T_N=272K［3-60］（文献により多少ばらつく）で 1 次転移により常磁性に移る．帯磁率の温度変化を，比較のために $CrAs_{0.9}P_{0.1}$ のデーターと共に，図 3-36 に示す（井門：未発表）．$CrAs_{1-x}P_x$ に対する類似の結果は Selte らによりすでに報告されている［3-61］．

　図 3-36 から分かるように CrAs の帯磁率は T_N で変化はなく温度上昇に伴い増加している．この結果は CrAs の磁性電子は遍歴性が強いことを示している．CrAs は T_t=1100K で結晶変態をし MnP 型から NiAs 型に移行することが知られており，図には示されていないが T_t 以上の温度では帯磁率はキュリー

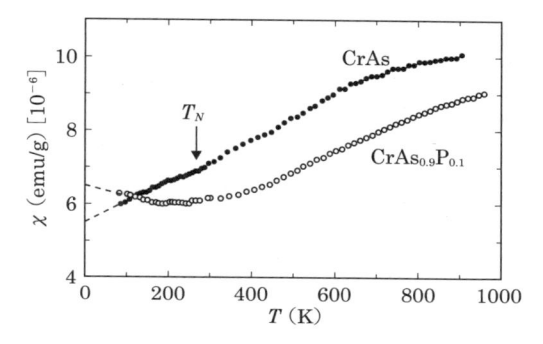

図 3-36 CrAs および CrAs$_{0.9}$P$_{0.1}$ の帯磁率の温度変化．CrAs$_{0.9}$P$_{0.1}$は0Kまで磁気的オーダーはない（後述）．

-ワイス型の温度変化をする［3-51］．CrAs の As を Sb で置換すると，T_t が下がるので，$T \geqq T_t$ でのキュリー-ワイス型の温度変化が CrAs$_{1-x}$Sb$_x$($x \leqq$ 0.6) の結晶でもはっきりと確かめられている［3-62］．たとえば組成が CrAs に近い CrAs$_{0.9}$Sb$_{0.1}$ においては，$T_t=780$K となり，それ以上の NiAs 型の温度域でキュリー-ワイス型であり，有効ボーア磁子から Cr のモーメントを求めると 2.80μ_B（この値は中性子回折（3-5 参照）より得られた CrSb の Cr のモーメントに等しい）が得られている．後の図 3-42 に例示するように，CrAs の帯磁率は温度が $T_t=1100$K で NiAs 型へ結晶変態すると Cr^{3+} の 3μ_B から期待されるようなキュリー-ワイス型になる点は注目すべきことである．

CrAs の T_N は図 3-37 に示す様に直接的には中性子回折［3-60, 3-63］により決定されたが T_N での磁気転移は 1 次転移であり，結晶の格子定数は不連続的に変化する．この磁気体積効果については後に詳述する．また比熱の温度変化より，転移に伴う潜熱は 5.3×10^2 J/mol（$=0.98$cal/g）［3-64, 3-65］と得られている．電気抵抗の温度変化は Cr や Cr$_{1-x}$Mn$_x$($x \leqq 0.25$) などのギャップ型反強磁性［3-66］と類似で，T_N 以下で温度下降に伴い増加した後減少する［3-64］．ただし，CrAs は T_N での 1 次転移による結晶体積の急変により結晶内に亀裂が入り正確な電気抵抗値を測定するのは MnAs の場合と同様に難しい．

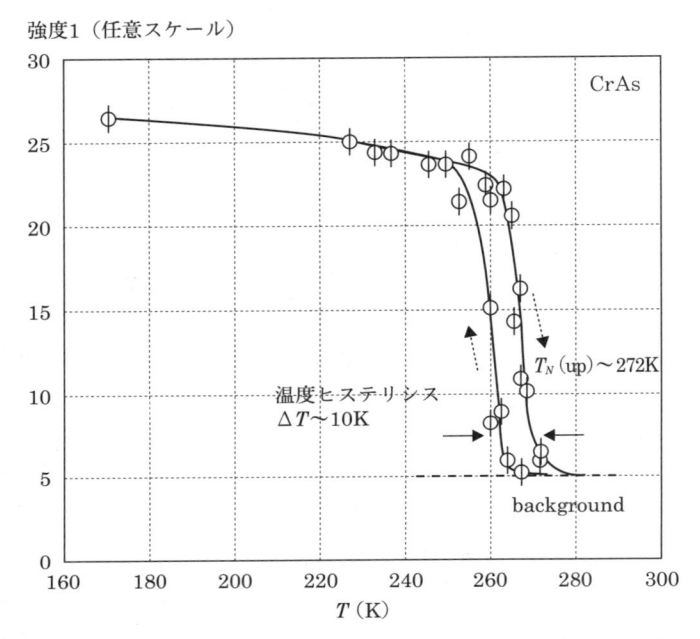

図3-37 CrAsの (002) サテライトの積分強度の温度変化 [3-60]

つぎにCrAsの磁性の位置付けのために，CrプニクタイドにおけるCr原子あたりの磁気モーメントを，Mnプニクタイドの場合（図3-11）と同様に，結晶の a 軸を横軸にとって表したのが図3-38である．ここでも斜方晶MnP型構造の a, c 軸は六方晶NiAs型の a, c 軸に対応する軸とする．a 軸をパラメーターとした理由は，結晶の c 軸の長さはCrSbからCrPにいたるまでに5.45Åから5.36Åまで変化するが，これは図3-38に示す a 軸の大きな変化に比べて無視できるからである．

図3-38からCrAsの磁性は a 軸の収縮に対して極めて敏感であるように見える．これについては次の**3-3-2**で詳論する．また結晶構造がNiAs型からMnP型にかわる a 軸長が3.75Å付近でCrあたりの磁気モーメントに大きな変化がない点は注目すべき点である（後の図3-44に見られるように細かくみれば僅かな変化がある）．つまり六方晶NiAs型が斜方晶MnP型に歪んでもCrあたりのモーメントにはそれを反映した顕著な変化はない．これは，図3-14

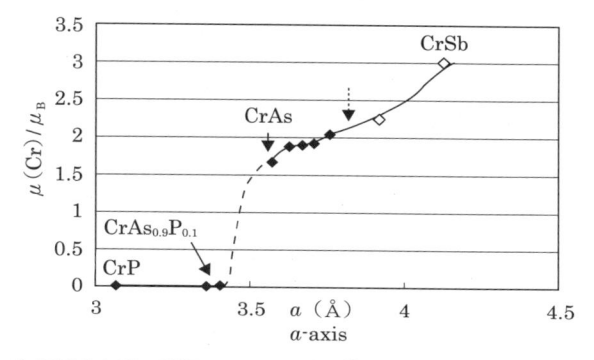

図 3-38　Cr原子あたりの磁気モーメントとa軸の長さ（4.2K）との関係．黒および白の点は結晶構造がそれぞれMnP型およびNiAs型であることを意味する．参考文献 [3-67] および [3-68, 3-69, など] を用いて構成した．

に示した NiAs 型構造の MnAs と MnP 型構造の $MnAs_{0.9}P_{0.1}$ の間で Mn あたりの磁気モーメントが大きく変化するのと対照的である．

3-4-2　$CrAs_{1-x}P_x$, $Cr_{1-x}M_xAs$（M=Mn, Ni など）と臨界格子定数

CrAs の特異な磁性は混晶に対する実験により一層その特異性がわかる．最も分かりやすいのはAsをわずかにPで置換する場合である．CrAsのPによる置換は磁性に関与する電子数も結晶型も不変である．図3-38から推測されるが，$CrAs_{1-x}P_x$ の表示で $x \geq 0.03$ で CrAs の 2 重ラセンの磁気的オーダー（1次の磁気転移点 T_N は〜250K）が消える [3-61]．これは大変興味深い問題であるがその原因について理論的にはまだ究明されていない．以下で，$CrAs_{1-x}P_x$ の磁気体積効果の実験結果を示し実験的に検討する．図3-39に CrAs の Cr または As を他のいくつかの元素で置換した試料の格子定数の温度変化の代表例を示す [3-70]．**1-3** で言及したように A, B, C 軸はそれぞれ NiAs 型の c, a, b 軸に対応する．

図3-39には $A(c)$ 軸の結果は省略したが，それらの T_N における飛びは $B(a)$, $C(b)$ 軸のそれに比べて小さく，$CrAs_{0.98}P_{0.02}$ の場合の B および C 軸の飛びがそれぞれ 5.5% および 1.1% であるのに対してわずか 0.4% である．したがって，図3-39からも分かるように，磁気体積効果は主として $B(a)$ 軸方向

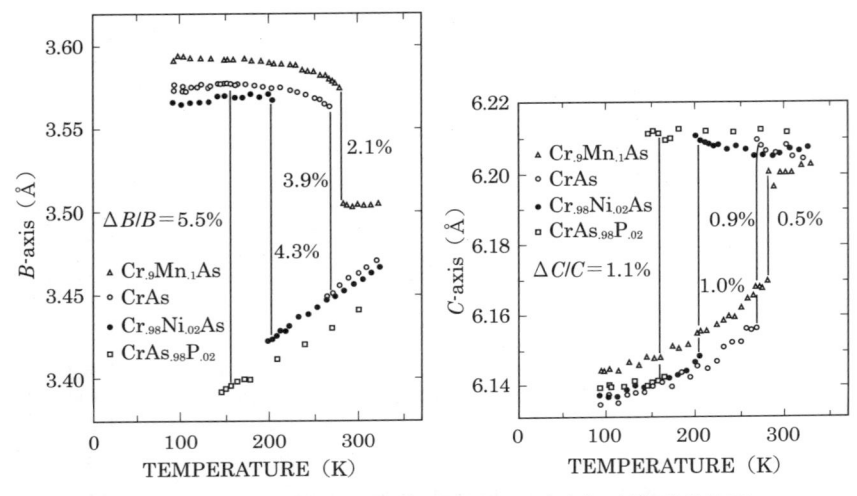

図3-39 CrAsとその周辺化合物の格子定数の温度変化（磁気体積効果）．B, Cは六方晶NiAs型のa, b軸に対応する［3-70］．

で起こっていると考えてよい．しかもその磁気体積効果はまれに見る大きさである点が注目される．$C(b)$軸方向の磁気体積効果は$B(a)$軸方向のT_N以下での大きな伸びに対する単なる反動とみなすことも可能かもしれない．$B(a)$軸に着目し，$T=0$Kにおける磁気体積効果を推定するために，$CrAs_{0.9}P_{0.1}$（$T=0$Kで磁気的オーダーが発生しない）の$B(a)$軸について80Kから330Kの温度域でその温度変化（正常熱膨張）を測定し，比熱の温度変化を利用し，線膨張係数が比熱に比例するというグリュナイゼンの関係式［3-71］を用いて80K以下での$B(a)$軸の温度変化を推定して描くと図3-40の$CrAs_{0.9}P_{0.1}$に対する点線のようになる（80K以上は実測）．この正常熱膨張曲線を他の試料にも適用して，$T=0$Kでの磁気体積効果（いまの場合は自発磁歪）が得られ，図中に示されている．$T=0$Kでは$CrAs$が4.6%（0.16Å），$CrAs_{0.98}P_{0.02}$では5.6%（0.19Å）という極めて大きな値をもつ．$CrAs_{0.9}P_{0.1}$は磁気的オーダーが発生しないので自発磁歪は起こらない．図3-39から，$CrAs$や$CrAs_{0.98}P_{0.02}$は$B(a)$軸方向の大きな磁歪によって磁気的オーダーを安定化しているものと解釈できる．また$CrAs_{0.9}P_{0.1}$では磁歪による弾性エネルギーの増加と磁気的オーダーの

発生による磁気的エネルギーの減少を比較するとき，前者の方が大きいので磁気的オーダーは発生しないと言える．$T=0$K における僅かの $B(a)$ 軸の長さの差が磁気的オーダーの存否を決定している．この $B(a)$ 軸の臨界値 B_C は図中に示すように，〜3.37Å 付近の値を取る．$B>B_C$ なら磁気的オーダーが発生し，$B<B_C$ なら磁気的オーダーは発生しない．しかもひとたび磁気的オーダーが発生すれば CrAs のように，$T_N=250$K，Cr あたりのモーメントは $1.7\mu_B$ という状態が実現する．この状態が 5.6% 程度の $B(a)$ 軸の収縮で消滅するということを図 3-40 は示している．図 3-40 から，もし自発磁歪が T_N で保持されたままだとすれば，いわゆるネール温度は少なくとも 350K にはなるであろう．

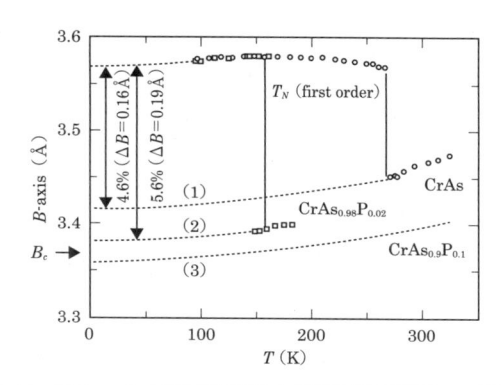

図 3-40　$\text{CrAs}_{1-x}\text{P}_x$ の自発磁歪および臨界的 B 軸長 B_C の説明図

一方図 3-39 に示すように CrAs の Cr を Mn で置換すれば T_N（1 次転移点）は上昇しているのが分かる．CrAs の Cr または As を他の種々の元素で置換した試料について，格子定数の温度変化より実験的に決定した T_N を組成に対して図示したのが図 3-41(a) である．T_N が下がるのは置換元素の組成増に対して $B(a)$ 軸が収縮する場合であり，上昇するのは $B(a)$ 軸が増加する場合である．図 3-41(b) は横軸を組成ではなく，それぞれの試料の T_N 直上での $B(a)$ 軸（この値は，図 3-40 から分かるように，近似的に $T=0$K での磁気的オーダーがないとした場合の B 軸長にほぼ等しい）を取り，T_N を図示したものである（本来は図 3-40 に示すような $T=0$K での自発磁歪のない状態での $B(a)$ 軸長を横

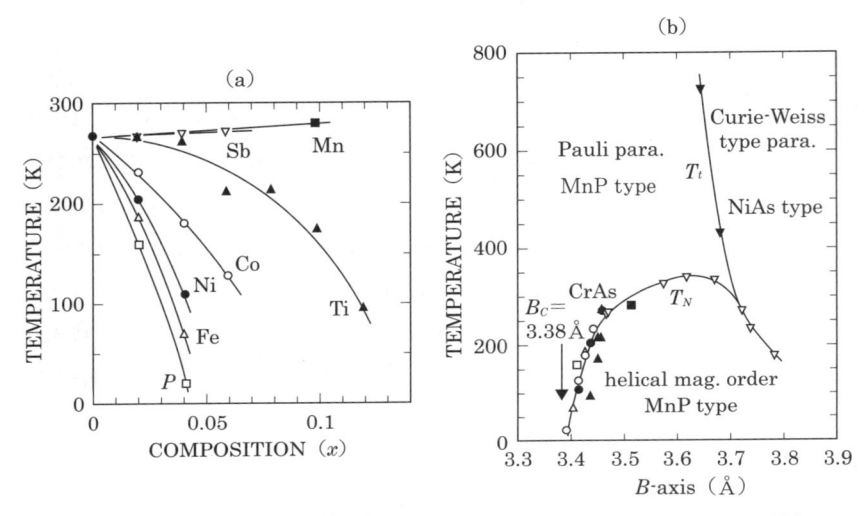

図 3-41 (a) CrAsを他元素で置換した場合のT_Nの組成変化. (b) それぞれの試料のT_N直上でのB軸長を横軸にとった場合のT_Nの変化. さらに図3-34などのデーターを用いて磁気結晶状態図を構成した（本文も参照). T_tは斜方晶MnP型と六方晶NiAs型の間の結晶変態点. CrAsの$T_t=1100$ K などはこの図に表示していない. 各記号は, ▲(Ti); ■(Mn); △(Fe); ○(Co); ●(Ni); □(P); ▽,▼(Sb); ⬡(CrAs)を意味する [3-70].

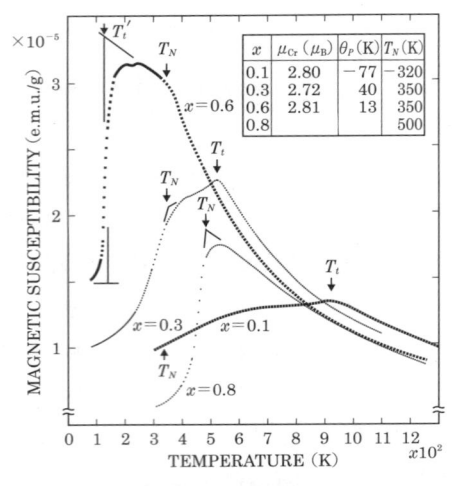

図 3-42　CrAs$_{1-x}$Sb$_x$（$x \leq 0.6$）の帯磁率の温度変化. T_N, T_tはそれぞれネール温度, 結晶変態温度を表す. T_t'は1次の変態点を表すが図 3-43も参照 [3-62].

軸にとるべきであるが），図3-41(b)で重要な点の1つは臨界的なB軸長$B_C=$ 3.38Åが存在し，それは置換元素の種類に依存しないということである．

図3-41(b)のPauli para.およびCurie-Weiss type para.の表示は，前者は図3-36に示すようなタイプを指し，後者は次の図3-42に実例を示す［3-62］．図3-42にはキュリー‐ワイス型の温度変化より求めたCrあたりのモーメントμ_{Cr}，常磁性キュリー温度θ_P，などが示されている．$CrAs_{0.9}Sb_{0.1}$の試料はCrAs（図3-36参照，CrAsのより高温部でのデータは［3-51］を参照）に比べてT_Nは上昇しT_tは下降し，$T≧T_t$の温度域でのキュリー‐ワイス型の帯磁率の温度変化がよりはっきりするが，この傾向は$x=0.3$の試料でさらにはっきりしていることが分かる．この図3-42は後の3-4-4で改めて議論する．

3-4-3　CrAsのT_Nでの1次転移に関する現象論

MnAsのT_Cでの1次転移に関する現象論（3-2-1および**付録参照**）はCrAsに対しても適用できる．ただし自由エネルギーの展開式の中身は必ずしもMnAsの場合と同じ意味ではない．しかし分子場近似で考えるとCrAsの磁化の空間変化$M(r)=M_q\exp(iqr)$（実験では$q=2\pi/2.67b$でb軸方向，2-1の図2-1も参照）に対してM_qに比例する分子場AM_qが作用するものとすれば，磁気エネルギーE_mは，$E_m=-(1/2)AM_q^2$となる．Aが結晶体積に線形に依存するものと仮定すれば，$A=A_0[1+\beta(V-V_0)/V_0]$であり，$M_q$を$T=0K$での値に対する相対値として$M_q=\sigma$とおいて，これを磁気エネルギーに代入すると，

$$E_m=-(1/2)A_0[1+\beta(V-V_0)/V_0]\sigma^2 \tag{3-20}$$

一方結晶が歪むことによる弾性エネルギーE_{el}はMnAsの場合と同様に，

$$E_{el}=(1/2K)[(V-V_0)/V_0]^2 \tag{3-21}$$

結晶の単位質量あたりの磁気エントロピー$S(\sigma)$もMnAsの場合と同様に，

$$S(\sigma)=Nk(S(0)+a\sigma^2+b\sigma^4+c\sigma^6+\cdots\cdots) \tag{3-22}$$

$E=E_\mathrm{m}+E_\mathrm{el}$ を体積で微分してゼロとおき,

$$(V-V_0)/V_0 = (K\beta A_0/2)\sigma^2 \tag{3-23}$$

を得る.（3-23）を $E(=E_\mathrm{m}+E_\mathrm{el})$ に代入し,（3-22）式に T を掛けたものを一緒にして, 結晶体積については極小になっている自由エネルギー G の式が次のようにえられる.

$$G/NkT_0 = -tS(0) - a(t-1)\sigma^2 - b(t-\eta)\sigma^4 - ct\sigma^6 + \cdots, \tag{3-24}$$

ここで,

$$-(A_0/2aNk) = T_0 \quad \text{および} \quad T/T_0 = t \tag{3-25}$$

であり, η は,

$$\eta = -(a^2/2Nkb)K\beta^2 T_0 (>0) \tag{3-26}$$

（3-26）式は付録の（A8）式と同じ形の式である. したがって $\eta>1$ であれば1次転移になる.

ここでの現象論では, MnAs の場合と同様に, 磁気エネルギーの結晶体積依存性が顕著であれば, すなわち β が大きければ, 温度の上昇により磁気オーダーが1次転移により消滅する. 磁気エネルギーが結晶体積（主に結晶の B (a) 軸）に対して極めて顕著に依存すること（β が大きな値をとること）は前の（3-23）式と図3-39の実験結果が証明している. CrAs は2重ラセンの磁気オーダーをもつが, 中性子回折（図3-37）の結果によれば1次転移点 T_N での σ の値は約0.7程度であり（MnAs の場合も同程度であった）T_N での自発磁歪 $(V-V_0)/V_0$ が CrAs では 0.022 であり [3-70], MnAs でも 0.021 であった. ゆえに, 上の（3-23）式を一般に $(V-V_0)/V_0 = A\sigma^2$ と表すと, CrAs と MnAs は殆ど同じ A の値を持つ. しかし MnAs の場合は T_c での1次転移点での自発磁歪に結晶型が NiAs 型から MnP 型に歪む効果が含まれているので, A の値は CrAs の方が約2倍大きいとみるべきであろう. CrAs の T_N での1次転移は前に述べた臨界の B 軸長 B_c の存在とも密接に関係しており遍歴電子磁性化合物の

3-4-4　$CrAs_{1-x}Sb_x$ の磁性

CrSb は 2-1 で述べたように NiAs 型構造をもつので，$CrAs_{1-x}P_x$ の場合と異なり CrAs の Sb による置換は T_t（MnP 型と NiAs 型の間の結晶変態温度）を下げる（図 3-42 も参照）．X 線による格子定数の温度変化の実験により構成した CrAs－CrSb 系の磁気結晶状態図を図 3-43 に示す［3-62］．

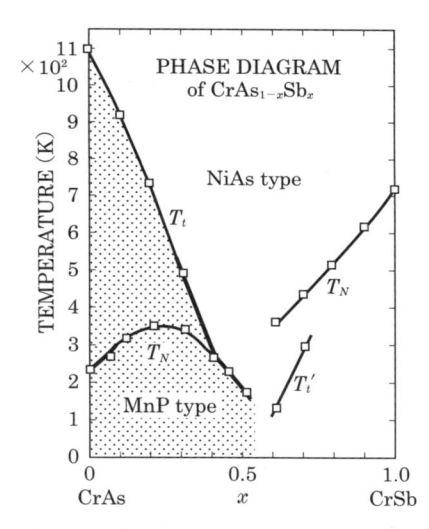

図 3-43　CrAs-CrSb 系の磁気結晶状態図．太い線は 1 次転移であることを意味する．特に，T_t' では c 軸，a 軸ともに不連続的に変化するがこの転移の実態はまだ分かっていない［3-62］．

図 3-43 の CrAs 近傍の組成で T_N が上昇しているのは，CrAs において拮抗していた磁気的オーダーの発生によるエネルギーの減少と磁歪による弾性エネルギーの増加が，Sb 置換による格子定数の増加により，弾性エネルギーの増加が減少し，磁気的オーダーがより安定になったためであろう．磁気的な 1 次転移は弾性エネルギーと磁気的エネルギーの競合により起こるが，この競合関係がなくなると転移は 2 次となる．CrAs 近傍での実験結果はこのことを示し

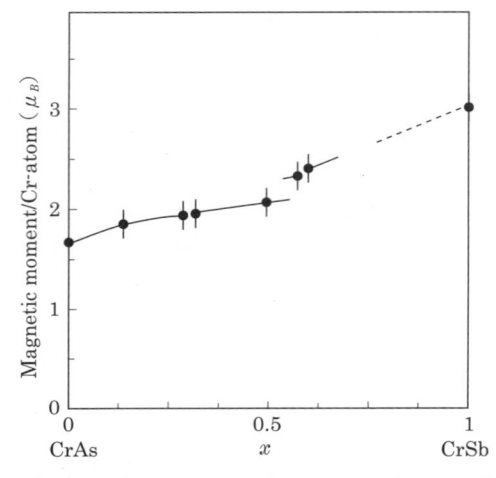

ている．T_N が中間組成の辺りで極小を示す傾向は前に述べた MnSb－MnAs 系と類似であるが原因はより複雑であろう．T_t' について，$x=0.6$ の場合を例にして説明する．温度上昇過程での格子定数の飛びは $\Delta c=0.15$Å（$\Delta c/c=0.026$），$\Delta a=-0.07$Å（$\Delta a/a=-0.018$）のように大きな値を示す．ただこの1次転移は結晶構造的に高温相と低温相の共存温度領域が約100度の幅をもちその中間点を1次転移点 T_t' と定義している．格子定数の飛びに対応して帯磁率は図3-42に示すように T_t' で急激な増大を示す．T_t' での1次転移は非常に興味深いがまだ解明されていない．図3-42で特に CrAs 近傍の組成の $CrAs_{0.9}Sb_{0.1}$ の帯磁率の温度変化に着目してみる．T_t 以下での振舞いは CrAs のそれと極めて類似しているが，$T \geq T_t$ での振る舞いはキュリー-ワイス型で g 因子を2とすると Cr あたりのモーメントは $2.8\mu_B$ が得られる．また常磁性キュリー温度 $\theta_P=-77$K が得られる．これらの値は CrSb に対するデーター [3-72] から計算した値とよい一致を示す．すなわち $CrAs_{0.9}Sb_{0.1}$ は $T \leq T_t$ の MnP 型結晶構造の温度域では CrAs と類似の磁性を示すが，$T \geq T_t$ の NiAs 型

図 3-44 中性子回折により求めた $CrAs_{1-x}Sb_x$ における Cr 当たりの磁気モーメント．$x \leq 0.5$ では結晶構造は MnP 型で CrAs と類似の2重ラセンの磁気的オーダーをもつ．$x > 0.5$ では NiAs 型の結晶構造で CrSb と類似の反強磁性のオーダーをもつ [3-67].

の温度域では CrSb と類似の磁性を示すことが分かる．最後に CrAs－CrSb 系の T＝4.2K における Kallel らの中性子回折より求めた Cr 当たりの磁気モーメントを図 3-44 に示しておく［3-67］．x＝0.6 付近の不連続的変化は，CrSb 側では結晶構造が NiAs 型で磁気的オーダーは CrSb と同じ反強磁性であるのに対して，CrAs 側では結晶構造は MnP 型で磁気的オーダーは CrAs と類似の 2 重ラセンであることに対応している．x＝0.6 付近での磁気モーメントの変化は小さく，NiAs 型の MnAs と MnP 型の $MnAs_{1-x}P_x$ の間で見られた大きな磁気モーメントの変化（図 3-14 など）と対照的である．

3-5 CrSb の磁性

CrSb は 6 方晶 NiAs 型の構造をもち，図 3-45 に示すような単純なスピン配列をもつ反強磁性体である．T_N は 718K である．

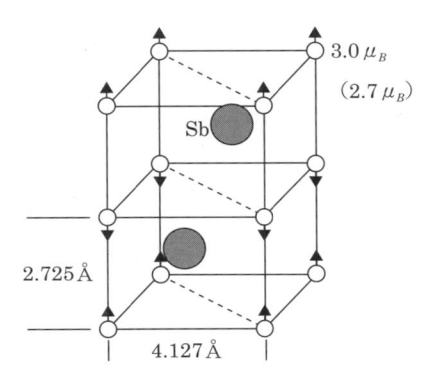

図 3-45 CrSb の反強磁性構造．中性子回折により Cr 当たりのモーメントは $3.0\mu_B$［3-67］および $2.7\mu_B$［3-72］と報告されている．

Cr 当たりのモーメントは g 因子を 2 とした場合の Cr^{3+} のモーメント（$3.0\mu_B$）に一致またはほぼ一致する．CrSb は図 3-38 に見られるように CrAs などに比較して，a 軸がはるかに長い（c 軸は CrAs が 5.45Å，CrSb が 5.65Å で大きな差はない）ことが関係しているのであろう．すなわち a 軸の増大は $3d$ 電子の

バンド幅を狭くしかつ原子内交換相互作用を強めるものと考えられる．前にも言及したように CrSb の帯磁率の温度変化は CrAs のそれとまったく異なり，局在モーメントの2副格子反強磁性に近い振る舞いをする [3-73]．Sb の反磁性を補正した CrSb の帯磁率の温度変化から $\theta_P = -200K$，キュリー・ワイス定数から Cr 当たりのモーメントは $g=2$ として $2.9\mu_B$ がえられ，上で述べた中性子回折の結果と良い一致を示す．CrSb を CrAs と比較するとき，前者は後者より局在性が強いがこれは MnBi, MnSb と MnP の比較と類似の傾向を持つ．これらの事柄は図 3-38 および図 3-11 に示した a 軸長と磁気モーメントの関係と関係があるのかもしれない（理論編で関連する議論がある）．CrSb の電気抵抗は T_N 以上で半導体的な温度変化をする [3-74]．CrSb の高温域での結晶学的な変質（たとえば MnSb に見られるような Sb の析出）が影響した結果かまたは本質的なものかはっきりしていない．

3-6 CrP の磁性

CrP は CrAs と同じ MnP 型の結晶構造をもつが図 3-38 に示すように CrAs に比べて $B(a)$ 軸の長さが約 0.5Å 小さい．このため理論編で示すように $3d$ バンドの幅は広がりフェルミエネルギー近傍の状態密度が低い．磁気的オーダーは発生しない．帯磁率は 200K 付近に極小を示し [3-75]，図 3-36 に示した $CrAs_{0.9}P_{0.1}$ の帯磁率と値も温度変化の様子も類似している．

3-7 Cu$_2$Sb 型化合物

3-7-1 Mn$_{2-x}$Cr$_x$Sb の反強磁性—フェリ磁性転移と Kittel のモデル

この種の化合物の磁気オーダーはすでに 2-1 の図 2-2 に示した．またこれらの化合物の電子構造と磁気状態については理論編で論じられている．ここでは現象的に興味のある Mn$_{2-x}$Cr$_x$Sb を中心に説明する．Mn$_2$Sb は Mn を V, Cr, Co, Cu などで，また Sb を Ge, As などで置換すると，低温で反強磁性を示しある温度 T_t でフェリ磁性に1次転移をすることが知られている．これらのうち最も

第3章 磁性各論——実験結果と実験的側面からの簡単な考察—— *67*

典型的でシャープな1次転移を示すのが $Mn_{2-x}Cr_xSb$ である．図3-46に単結晶による自発磁化の温度変化を，図3-47に格子定数の温度変化を示す［3-76］．

図3-46でCrの組成 x が少なくとも $0.05 \leqq x \leqq 0.16$ の範囲では反強磁性—フェリ磁性のシャープな1次転移がみられる．Crの組成が0.03以下では中間的な磁気オーダーがある．反強磁性温度域での～3emu/g程度の自発磁化は強

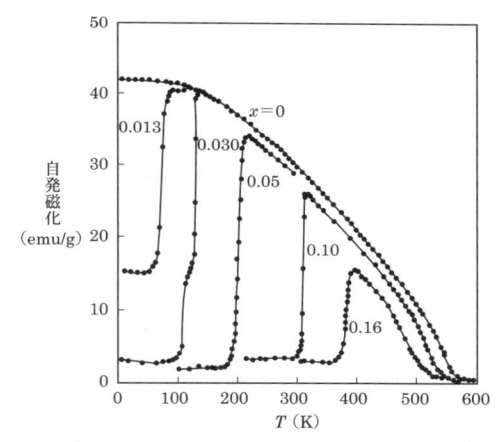

図3-46 $Mn_{2-x}Cr_xSb$ の自発磁化の温度変化［3-76］．Mn_2Sb はフェリ磁性であるが，それ以外の試料は $x=0.013$ を除き反強磁性からフェリ磁性への転移がみられる．

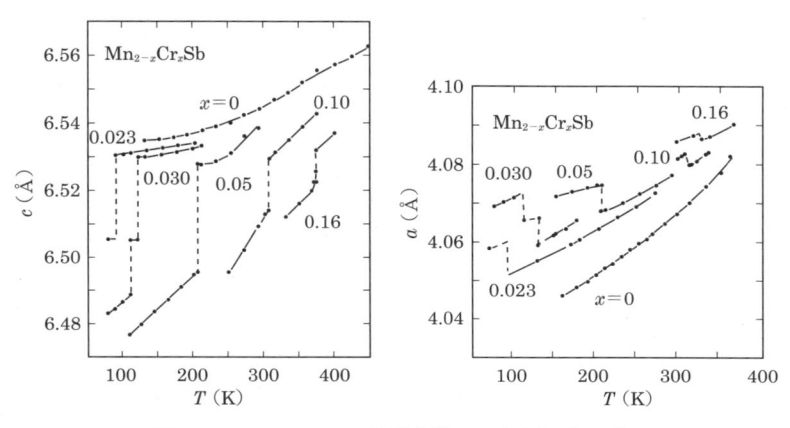

図3-47 $Mn_{2-x}Cr_xSb$ の格子定数の温度変化［3-76］

磁性 MnSb 相の不純物の混入による．図3-47に示すように，反強磁性－フェリ磁性の1次転移点での格子定数も飛びはc軸の方が大きい．a軸の飛びはc軸の飛びの反動的な現象であろう．反強磁とフェリ磁性性の間でのスピン配列の転移を次に説明する．

　反強磁性―フェリ磁性の転移は図3-48に示した交換相互作用パラメターJ_Cが符号を変えることを意味する．この立場に立つのが Kittel の exchange inversion model である［3-77］．この現象論に対するミクロな立場からの説明は，望月らによるバンドに基づく遍歴モデルによってなされている（理論編参照）．J_cが符号を変えるのは図3-47から分かるように主に結晶のc軸の変化による．c軸が収縮することによってJ_cは正から負に符号を変える．つぎにこの有様を模式的な図で表しておく．

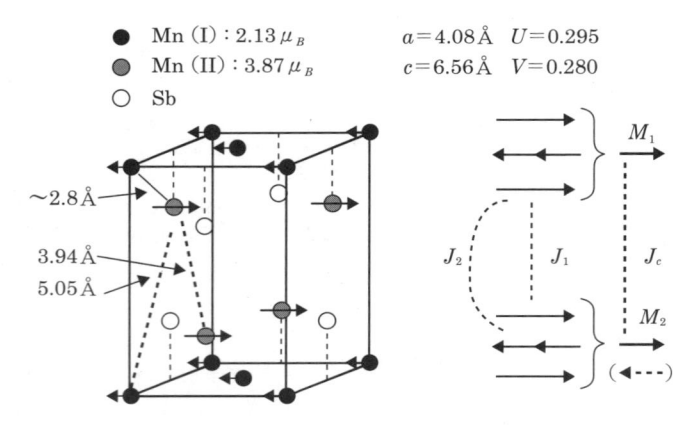

図3-48　$Mn_{2-x}Cr_xSb$における反強磁性－フェリ磁性の転移の説明図．Mnの一部はCrであるが表示していない．Mn原子は2つの異なる位置を占める．Mn (I) とMn (II) のモーメントは反平行になり，図に示すように距離が近い3つのMn原子層を一まとめにして1つの副格子磁化M_1, M_2で表すとき，これらが平行のときフェリ磁性，反平行のときは反強磁性である．

　図3-48と図3-49を参照しながらフェリ磁性―反強磁性の1次転移の現象論（Kittelのモデル）を説明する．転移に関係するエネルギーのうち磁気エネルギーE_{ex}は交換相互作用パラメターJ_cに関係するものであり次の式で表

第3章 磁性各論——実験結果と実験的側面からの簡単な考察—— 69

せる：

$$E_{ex} = -A\bm{M}_1 \cdot \bm{M}_2 \tag{3-27}$$

ここで $\bm{M}_1, \bm{M}_2$ は副格子磁化（図3-48参照）であり，A は分子場係数で，

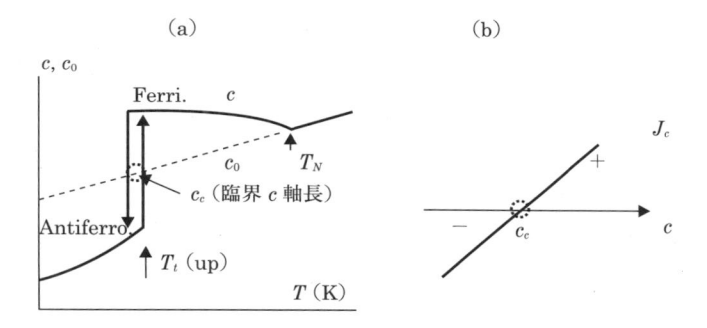

図3-49 （a） c 軸の温度変化の模式図．図3-47は温度上昇過程の実験であるが，この図ではヒステリシスも描いている．点線（c_0）は磁歪がない場合の正常熱膨張を（$c-c_0$）は交換磁歪を表す．（b） J_c（図3-48参照）の c 軸依存性．臨界 c 軸長 c_c で符号を変えると考える．転移点近傍の c 軸の振る舞いは図3-47と類似である．

$$A = (2J_c Z)/(Ng_2 \mu_B) \tag{3-28}$$

ここで J_c は副格子磁化 $\bm{M}_1$ と $\bm{M}_2$ の間で相互作用するMnスピン間の平均の交換相互作用パラメーターであり，Z はその相互作用するMnスピンの対の数である．副格子間相互作用として図3-48の点線で示す2種類の交換相互作用パラメーター J_1, J_2 を主な相互作用として考えそれ以外を無視すると，$J_c Z = 4J_1 + 2J_2$ であり，$Z=6$ で $J_c=(2/3)J_1+(1/3)J_2$ である．大切なことは（3-28）式の分子場係数 A は J_c に比例する量であり，J_c の中身は主として J_1 と J_2 の和であると言うことである（Kittelは分子場係数の中身については言及していない）．

ここで図3-49(b) に示すように J_c（すなわち A）が $c=c_c$ で符号を変えるものとすると，

$$A(c) = A'(c_c)(c-c_c) \tag{3-29}$$

$A'(c_c)$ は微分係数を意味する．(3-29) を (3-27)に代入し，$A'(c_c)=B$ とおいて，

$$E_{ex}=-BM^2(c-c_c)\cos\theta \qquad (3\text{-}30)$$

θ は M_1 と M_2 のなす角であり，$M(=M_1=M_2)$ は副格子磁化の大きさである．
　一方結晶の伸縮に伴う弾性エネルギー E_{el} は c_{ij} を剛性率とし，変位 $e_{xx}=e_{yy}=\Delta a/a=(a-a_0)/a_0$, $e_{zz}=\Delta c/c=(c-c_0)/c_0$（図 3-49(a) 参照）とすると次式で表される [3-78]：

$$E_{el}=(1/2)\{c_{11}(e_{xx}^2+e_{yy}^2)+c_{33}e_{zz}^2\}+c_{12}e_{xx}e_{yy}+c_{13}(e_{yy}e_{zz}+e_{zz}e_{xx})$$
$$=(1/2)\{2c_{11}(\Delta a/a)^2+c_{33}(\Delta c/c)^2\}+c_{12}(\Delta a/a)^2+2c_{13}(\Delta a/a)(\Delta c/c) \qquad (3\text{-}31)$$

$-(\Delta a/a)/(\Delta c/c)=R(>0)$ と置くと，

$$E_{el}=\{c_{33}/2+(c_{11}+c_{12})R^2-2Rc_{13}\}(\Delta c/c)^2=K(c-c_0)^2 \qquad (3\text{-}32)$$

ここで K は，

$$K=\{c_{33}/2+(c_{11}+c_{12})R^2-2Rc_{13}\}/c_0^2 \qquad (3\text{-}33)$$

　図 3-49(a) を参照しつつ，図 3-47 より $\Delta a/a$ は $\Delta c/c$ に比べて小さく $R\sim 0.3$ の程度である．ゆえに (3-33) 式の係数 K は主として $c_{33}/2c_0^2$ である．弾性エネルギーは磁歪に伴うものであるから，$c=c_0$ のときがエネルギーの基準である．(3-30) 式の E_{ex} の基準点 $c=c_c$ と異なる点は注意を要する．T_t での転移は異なる磁気秩序間の転移であるから磁気エントロピーは転移を通して変化はない（分子場が少しは変化するから，厳密に言えば変化する）．故に自由エネルギーからエントロピーの項を省く．自由エネルギー F は，

$$F=E_{ex}+E_{el}=-BM^2(c-c_c)\cos\theta+K(c-c_0)^2 \qquad (3\text{-}34)$$

$\partial F/\partial c=0$ より，

$$c-c_0=(B/2K)M^2\cos\theta \qquad (3\text{-}35)$$

(3-35) を (3-34) に代入すると，c に関して極小になっている自由エネルギーが次のように得られる．

$$F(\theta)=-B(c_0-c_c)M^2\cos\theta-(B^2M^4/4K)\cos^2\theta=a\cos\theta-b\cos^2\theta \quad (3\text{-}36)$$

$b>0$ で，a は $c_0>c_c$ では負，$c_0<c_c$ のとき正である．

$$F/b=D\cos\theta-\cos^2\theta \quad (3\text{-}37)$$

ここで，

$$D=a/b=-(4K/BM^2)(c_0-c_c) \quad (3\text{-}38)$$

である．

(3-37) 式を種々の D の値のときについて図示したのが図 3-50 である．$D<0$ のとき $c_0>c_c$，$D=0$ のとき $c_0=c_c$，$D>0$ のとき $c_0<c_c$ を意味する．

図 3-50 から，$D>0$（$c_0<c_c$）のときは $\theta=\pi$（反強磁性）のときが自由エネルギーが最低であることが分かる（図中の丸印）．図中で実線の矢印で示すように，温度の上昇に伴う c_0（図 3-49(a) に点線で示す正常熱膨張）の増加により

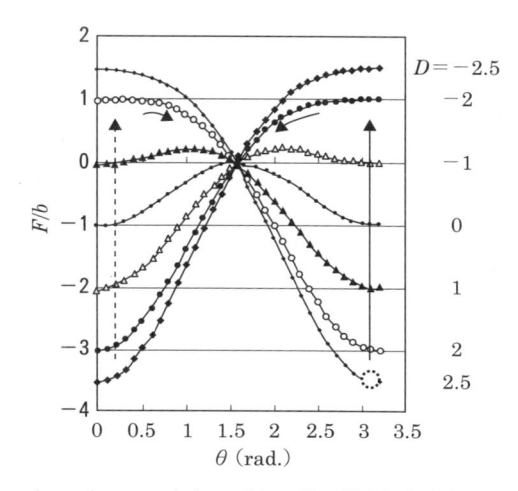

図 3-50 種々の D（$=-(4K/BM^2)(c_0-c_c)$）の値に固定したときの F/b（F は自由エネルギー）の θ に対する変化（θ は副格子磁化のなす角）．

D は減少し，$c_0=c_c$ で $D=0$，さらに温度が上昇すると $D<0$ になるが $D>-2$ である限り $\theta=\pi$（反強磁性）の状態のままである．$D=-2$ で $\theta=0$（フェリ磁性）の状態に1次転移することは図より明らかである．フェリ磁性状態で，温度下降過程（図中の点線矢印）では同様に，$D=2$ で反強磁性に転移する．したがってこの転移は温度に対してヒステリシスを示す．$D=-2$ では (3-38) 式より，$c_0=c_c+(BM^2/2K)$，$D=2$ では，$c_0=c_c-(BM^2/2K)$ である．以上に述べたことを図示すると次の図 3-51 の様になる．

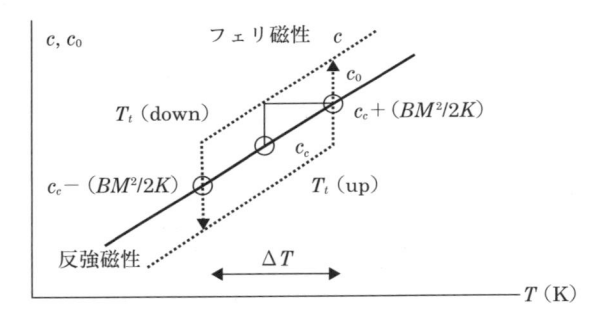

図 3-51　転移点近傍での正常熱膨張 (c_0) と (3-35) 式の自発磁歪 ($c-c_0$) $=\pm(BM^2/2K)$．ΔT はヒステリシス．$c_0=c_c\pm(BM^2/2K)$ で転移が起こる（本文）．点線が実測される c 軸長である．

ΔT は，c_0 の熱膨張係数を α とすると，$c_c+(BM^2/2K)=c_c(1+\alpha(\Delta T/2))$ より，

$$\Delta T=(B/c_cK)M^2/\alpha \tag{3-39}$$

温度ヒステリシスは M^2 に比例する．

以上に述べたようにして，$Mn_{2-x}Cr_xSb$ においてみられる反強磁性－フェリ磁性の1次転移を転移点近傍において説明できた．

以下で実験結果と比較する．

(3-35) 式より $T=T_t$ での c 軸の飛び $\Delta c/c$ は近似的に

$$\Delta((c-c_0)/c_0)\fallingdotseq\Delta((c-c_0)/c_c)=(B/Kc_c)M^2 \tag{3-40}$$

第3章 磁性各論——実験結果と実験的側面からの簡単な考察—— 73

となる．図3-46と図3-47の実験結果より$T=T_t$における$\Delta((c-c_0)/c_c)$すなわち$\Delta c/c$とM^2を求めることが出来る．ただし副格子磁化MはT_tでの磁化の飛びの1/2とした．(3-40)式に対応する実験結果は図3-52である．

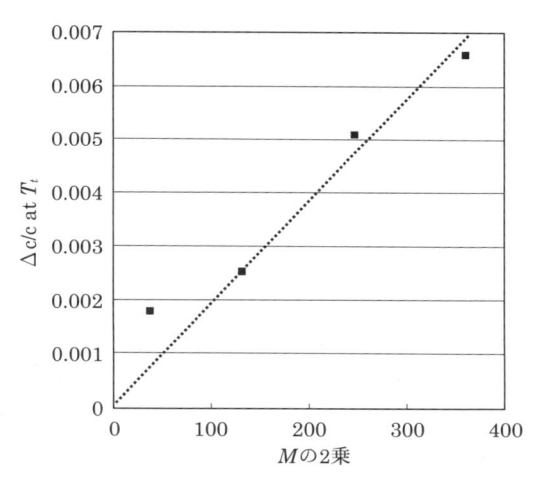

図3-52 1次転移点T_tでのc軸の飛びと副格子磁化M^2の関係（図3-46と図3-47の実験値を使用）．

図3-52の結果はほぼ直線関係を示し，(3-35)式の関係が成り立っている．この図の直線の勾配から(3-35)式のM^2の係数(B/Kc_c)が1.9×10^{-5}が得られる．この数値を(3-39)式のヒステリシスの式に用いるなら，(3-39)式は，

$$\Delta T = 1.9\times10^{-5}M^2/\alpha. \qquad (3\text{-}41)$$

磁化の温度に対するヒステリシスの実験例を図3-53に示す．ヒステリシスは試料の状態や温度変化のスピードなどによっても変わる．またX線回折では低温相（反強磁性相）と高温相（フェリ磁性相）の共存する温度幅がかなり広い．ΔTを実験的にどのように決めるかは微妙な問題である．

図3-53より$\Delta T\fallingdotseq 15\mathrm{K}$であり，$\alpha$は測定値がないが，$M^2\sim150(\mathrm{emu/g})^2$（図3-53より）を用いると，(3-41)式より$\alpha\sim2\times10^{-4}\mathrm{K}^{-1}$となる．この値は類似の化合物$\mathrm{Mn_2Sb_{0.875}As_{0.125}}$の$c$軸の熱膨張係数$\alpha$の値［3-79］よりは

大きい値であるが金属間化合物の一般的な値である．以上に述べたモデルはMn$_{2-x}$Cr$_x$Sb の反強磁性—フェリ磁性の1次転移を論じた唯一のものである（ここでは原論文より単純化して説明した）．このモデルは c 軸方向の副格子間交換相互作用パラメーター J_c が c 軸長に敏感で，臨界的な c 軸の長さ c_c で（図 3-49(b)）で符号を変えると考えている．パラメーター J_c は大略図 3-48 に示す J_1 と J_2 の和でありこの両者が異なる符号をもち大きさが拮抗していると考えれば（したがってこれらは Cr 置換にも敏感），僅かの c 軸長の変化によりこのバランスが変わり J_c が符号を変える．J_1，J_2 は，図 3-48 に見られるように，相互作用する Mn−Mn 間の直線距離がそれぞれ 5.05Å および 3.94Å というかなり大きい場合の交換相互作用パラメーターである．J_1，J_2 などの性質を電子構造の知識をもとに論じることが必要である．

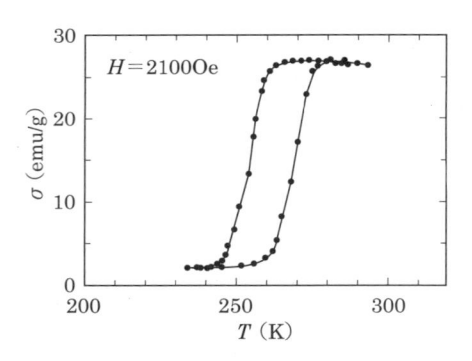

図 3-53　Mn$_{2-x}$Cr$_x$Sb（$x=0.07$）の磁化の温度に対するヒステリシス．$\Delta T \fallingdotseq 15$ K．

3−7−2　Fe$_{a-x}$Mn$_x$As（$a \fallingdotseq 2$）の磁気転移

Fe$_{a-x}$Mn$_x$As の系においては，Fe$_2$As も Mn$_2$As も共に反強磁性であるが，たとえば $a=2.1$ において $1.25 \leqq x \leqq 1.5$ の組成域で低温になるとフェリ磁性が発生し，温度を上昇させると反強磁性へ1次転移をする［3-80］．

3−7−3　層状の強磁性体 MnAlGe，MnGaGe

これらの化合物は c 軸を磁化容易軸とする強磁性体である．図 3-48 に示す

Mn$_2$Sb の Mn(I) の位置のみに Mn 原子が入り Mn(II) と Sb の位置にそれぞれ Al(Ga) と Ge が入った構造をもつ．Mn は 2 次元の面心の原子層を形成し，その層間距離は結晶の c 軸（MnAlGe の場合は 5.933Å）に等しいので磁気構造は 2 次元に近い．層間の磁気的相互作用は伝導電子を媒介にした RKKY 相互作用および Al, Ge を媒介にした超交換相互作用であろう．MnAlGe の Mn を他の 3d 金属元素で置換した場合のキュリー温度 T_C と 3d 金属原子当たりの磁気モーメントを次の図 3-54 と図 3-55 に示す [3-81, 3-82]．Mn より 3d 電子数が 1 つ多い Fe による置換では平均のモーメントが大きく減少するのは MnAlGe のバンド構造 [3-83] から，rigid band を仮定すれば定性的に説明できるし，Mn より 1 つ少ない Cr による置換の場合も同様に説明できる．また図

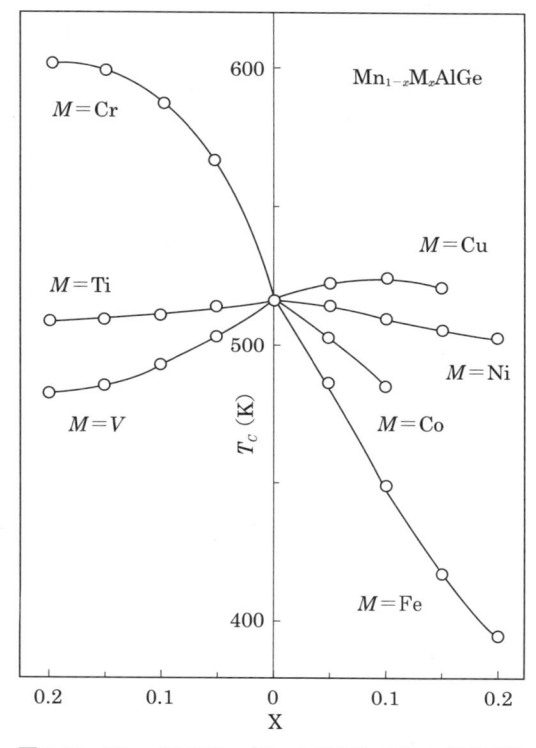

図 3-54　Mn$_{1-x}$M$_x$AlGe（M = 3d 金属）の T_C の組成変化

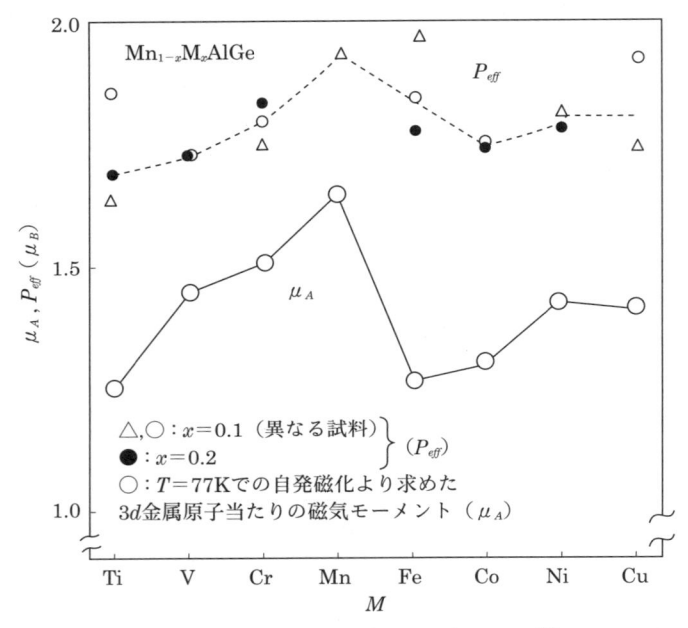

図3-55 Mn$_{1-x}$M$_x$AlGe（$M=3d$金属）の3d金属原子当たりの磁気モーメントの組成変化．P_{eff}，およびP_Aはそれぞれキュリー - ワイス定数より求めた有効ボーア磁子及び自発磁化より求めた原子磁気モーメントである．

3-54に示すように，15%のCr置換でT_Cが80K上昇するのは大変興味深い．T_Cの置換による変化は置換による磁性層内の相互作用だけでなく磁性層間の相互作用が影響を受けたものであろう．MnGaGeはMnAlGeと類似の性質を示す［3-84］．これらの物質の電子構造と磁性については理論編でも論じられる．

3-7-4 Mn$_{2-x}$Cr$_x$Sbが示す1次転移の応用

反強磁性—フェリ磁性の1次転移点における温度ヒステリシス幅は図3-53に見られるように比較的大きな値をもつ．Cr組成が僅かずつ異なる試料の複合材料をつくると次図（2種類の場合）のような磁化温度曲線が得られる．

図3-56は2種類の試料の複合材料の場合である．反強磁性状態で最初の温度T_0を$T_2' < T_0 < T_1$の温度とする．温度$T < T_1$では磁化は$M_0 (=0)$，$T_1 < T <$

第3章　磁性各論——実験結果と実験的側面からの簡単な考察——　77

T_2 の温度まで加熱すると残留磁化は M_1，$T>T_2$ まで加熱すると残留磁化は M_2 となる．すなわち加熱温度の違いにより1つの場所（bit）に3つの値を記録できる．原理的には3種類の試料より構成される複合材料では4つの値が記録可能である．クロム組成が連続的に異なる試料の複合材料ならより多くの記録が可能かもしれない．通常の磁気記録では1つの場所（bit）に正負の磁化の2つの値を記録する．図3-56に示した磁化の温度ヒステリシスは理想化して描いてある．実際は図3-53および図3-46に実例を示すように，転移点での磁化の飛びはある温度幅で起こる．この温度幅を狭くする工夫（クロム組成の均一化など）が必要である［3-85］．転移温度がクロム組成の変化により広い温度範囲に分布しているので種々の温度での温度調節用の素子などとしては比較的簡単に応用が出来る．

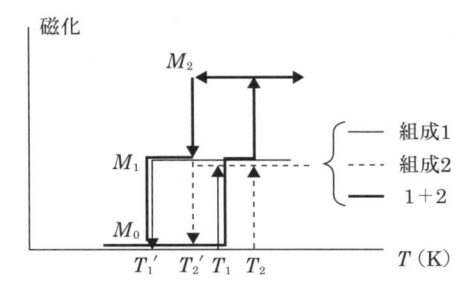

図3-56　2種類のクロム組成の試料の複合材料の転移点近傍の温度域での磁化温度曲線．T_1，T_2（T_1'，T_2'）はそれぞれの試料の温度上昇（下降）過程での転移点である．（T_1-T_1'）などはヒステリシスの温度幅である．

参考文献

［3-1］　T. Komatsubara, T. Suzuki and E. Hirahara: *J. Phys. Soc. Jpn*. **28** (1970) 317.
［3-2］　G. P. Felcher: *J. Appl. Phys*. **37** (1966) 1056.
［3-3］　H. Ido: *J. Magn. Magn. Mater*. **70** (1970) 205.
［3-4］　N. Iwata, H. Fujii, T. Okamoto: *J. Phys. Soc. Jpn*. **46** (1979) 778.
［3-5］　H. Fjellvag, A. Kjekshus, A. Zieba, S. Foner: *J. Phys. Chem. Solids* **45** (1984) 709.
［3-6］　H. Fjellvag, A. Kjekshus: Acta Chem. Scand. A**38** (1984) 703.
［3-7］　H. Fjellvag, A. Kjekshus, A. F. Andresen: Acta Chem. Scand. A**39** (1985) 143.

[3-8] Y. Shapira, C. C. Becerra, N. F. Oliviera ,jr. and T. Chang: *Phys. Rev.* **24** (1981) 2780.

[3-9] T. Komatsubara, H. Shinohara and E. Hirahara: *J. Appl. Phys.* **40** (1969) 1037.

[3-10] A. Isizuka, T. Komatsubara and E. Hirahara,: *J. Phys. Soc. Jpn.* **30** (1971) 292.

[3-11] Landolt-Börnstein III/27a, *Magnetic Properties of Pnictides and Chalcogenides*, eds. K. Adachi and S. Ogawa (Springer Berlin, 1989) p. 70.

[3-12] C. Guillaud and H. Crevédux, C. R: *Acad. Sci.* Paris **224** (1947) 266.

[3-13] H. Ido: *J. Appl. Phys.* **57**, part IIA (1985) 3247.

[3-14] T. Suzuki and H. Ido, *J. Phys. Soc. Jpn.* **51** (1982) 3149.

[3-15] H. Ido, T. Harada, K. Sugiyama, T. Sakakibara and M. Date, High Field Magnetism, M. Date (ed.), Amsterdam, London: North-Holland Publishing Co., (1983) p.175.

[3-16] C. P. Bean, D. S. Rodbell: *Phys. Rev.* **126** (1962) 104.

[3-17] R. W. DeBlois, D. S. Rodbell: *Phys. Rev.* **130** (1963) 1347.

[3-18] H. Ido, T. Suzuki, I. Iguchi: *J. Magn. Magn. Mater.* **31-34** (1983) 159.

[3-19] N. P. Grazhdankina, E. A. Zavadskii, I. G. Fakidov: *Soviet Phys.-Solid State* **11** (1970) 1879.

[3-20] A. Zieba, Y. Shapira, S. Foner: *Phys. Lett.* **91A**, No.5 (1982) 243.

[3-21] O. Nashima, T. Suzuki, H. Ido, K. Kamishima, T. Goto: *J. Appl. Phys.* **79** (8) (1996) 4647.

[3-22] N. Menyuk, J. A. Kafalas, K. Dwight and J. B. Goodenough, *Phys. Rev.* **177** (1969) 942.

[3-23] N. Kazama, H. Watanabe: *J. Phys. Soc. Jpn.* **30** (1971) 1319.

[3-24] K. Selte, A. Kjekshus, P. Peterzens, A. F. Andresen: *Acta Chem. Scand.* **A32** (1978) 653.

[3-25] K. Bärner, C. Santandrea, V. Neitzel, E. Gmelin: *Phys. Status Solids* **45** (1984) 541.

[3-26] H. Fjellvag, A. Kjekshus: *Acta Chem. Scand.* **A38** (1978) 1.

[3-27] S. Haneda, N. Kazama, Y. Yamaguchi and H. Watanabe, *J. Phys. Soc. Jpn.* **42** (1977) 1212.

[3-28] T. Suzuki, H. Ido: *J. Phys. Soc. Jpn.* **51** (1982) 3149.

[3-29] L. H. Schwartz, E. L. Hall, G. P. Felcher: *J. Appl. Phys.* **42** (1971) 1621.

[3-30] G. Bödecker, K. Bärner, K. Funke: *Phys. Status Solidi (b)* **98** (1980) 571.

[3-31] H. Fjellvåg, A. F. Andresen and K. Bärner, *J. Magn. Magn. Mater.* **46** (1984) 29.

[3-32] J. B. Goodenough, D. H. Ridgley and W. A. Newman, *Proc. Intern. Conf. Magnetism* (Nottingham) (1964) p. 542.

[3-33] H. Krokoszinski, C. Santandrea, E. Gmelin and K. Bärner, *Phys. Status Solidi* **113** (1982) 185.
[3-34] T. Suzuki and H. Ido, *J. Phys. Soc. Jpn.* **51** (1982) 3149.
[3-35] H. Ido, *J. Phys. Soc. Jpn.* **25** (1968) 1543.
[3-36] H. Ido, T. Suzuki: *J. Magn. Magn. Mater.* **104-107** (1992) 1939.
[3-37] E. E. Huber and D. H. Ridgley, *Phys. Rev.* **A135** (1964) 1033.
[3-38] K. Sugiyama, I. Shiozaki, H. Ido, M. Date: *Physica* **B155** (1989) 303.
[3-39] G. Kido, H. Ido: J. Magn. Magn. Mater.**70** (1987) 207.
[3-40] H. Ido, S. Yasuda, M. Kido, G. Kido, T. Miyakawa: *J. de Physique* **C8-167** (1988).
[3-41] H. Ido, S. Yasuda, G. Kido: *J. Appl. Phys.* **69** (1991) 4621.
[3-42] K. Bärner: *Phys. Status Solidi* (a) **5** (1971) 1699.
[3-43] H. Nagasaki, I. Wakabayashi and S. Minomura, *J. Phys. Chem. Solids*, **30** (1969) 329.
[3-44] H. Nagasaki, I. Wakabayashi and S. Minomura, *J. Phys. Chem. Solids*, **30** (1969) 2405.
[3-45] H. Yamada: Phys. Rev. **B47** (1993) 11211.
[3-46] E. A. Zavadskii, B. Todris: *Sov. Phys. Solid State* **18** (1976) 173.
[3-47] T. Goto, M. I. Batashevich, K. Kondo, K. Terao, H. Yamada an H. Ido, J. Alloys Compd. **325** (2001) 18.
[3-48] G. A. Samara, A. A. Giardini, *Physics of solids at high pressure*, (C. T. Tomizuka and E. M. Emrick, eds); New York; Academic Pres (1961), p. 308.
[3-49] B. T. M. Willis and H. P. Rooksby: Proc. Phys. Soc. **67** (1954) 290.
[3-50] Y. Takahashi: *J. Phys. Condens. Matter* **2** (1990) 8405.
[3-51] H. Ido: *J. Magn. Magn. Mater.* **70** (1987) 205.
[3-52] T. Kamimura, H. Ido, S. Sato and T. Suzuki, *J. Magn. Magn. Mater.*, **54-57** (1986) 939.
[3-53] S. Shimotomai, H. Ido: J. Appl. Phys. **99**,08Q109 (2006).
[3-54] H. Wada and Y. Tanabe: *Appl. Phys. Lett.*: **79** (2001) 3302.
[3-55] H. Wada, K. Taniguchi and Y. Tanabe: *Mater. Trans. JIM*, **43** (2002) 73.
[3-56] 和田裕文,藤田麻哉,深道和明：日本応用磁気学会誌 **26** (2002) 959.
[3-56] F. Gronvold, S. Snildal and E. Westrum, Jr.: *Acta Chem. Scand.*, **24** (1970) 285.
[3-57] S. M. Benford and G. V. Brown: *J. Appl. Phys.*, **52** (1981) 2110.
[3-58] Tu. Chen and W. Stutius: *IEEE Trans. Magn.* **10** (1974) 581.
[3-59] M. Kishimoto and K. Wakai, *J. Appl. Phys.*, **48** (1977) 4640.
[3-60] K. Selte, A. Kjekshus, W. A. Jamison, A. F. Andresen and J. E. Engebresen: *Acta Chem. Scand.* **25** (1971) 1703.

[3-61] K. Selte, H. Hjersing, A. Kjekshus, A. F. Andresen, P. Fischer: *Acta Chem. Scand.* A**29** (1975) 695.
[3-62] T. Suzuki , H. Ido: *J. Magn. Magn. Mater.* **54-57** (1986) 935.
[3-63] N. Kazama , H. Watanabe: *J. Phys. Soc. Jpn.* **30** (1971) 1319.
[3-64] N. Kazama , H. Watanabe: *J. Phys. Soc. Jpn.* **31** (1971) 943.
[3-65] K. Barner, C. Santandrea, V. Neitzel and E. Gmelin, *Phys. Status Solidi* (b) **123** (1984) 541.
[3-66] S. Maki ,K. Adachi: *J. Phys. Soc. Jpn.* **46** (1979) 1131.
[3-67] A. Kallel, H. Boller and E. F. Bertaut: *J. Phys. Chem.. Solids*, 35 (1974) 1139.
[3-68] G. P. Felcher, F. A. Smith, D. Bellavance, A.. Wold: *Phys. Rev.* B**39** (1971) 3046.
[3-69] K. Selte, A. Kjekshus, W. A. Jamison, A. F. Andresen, J. E. Engebresen: *Acta Chem. Scand.* **35** (1971) 1042 .
[3-70] T. Suzuki and H. Ido: *J. Appl. Phys.* **73** (1993) 5686.
[3-71] p.154 in Introduction to Solid State Physics-2nd ed. by C. Kittel (John. Wiley & Sons, New York) .
[3-72] A. I. Snow: *Rev. Mod. Phys.* **25** (1953) 127.
[3-73] K. Adachi, K. Sato, K. Ohmori, C. Ito ,T. Ido: *Toyoda Kenkyu Hokoku* **24** (1971) 64.
[3-74] T. Suzuoka: *J. Phys. Soc. Jpn.* **12** (1957) 1344.
[3-75] K. Selte, L. Birkeland and A. Kjeksjus: *Acta Chem. Scand.* A**32** (1978) 731.
[3-76] F. J. Darnell, W. H. Cloud, H. S. Jarrett: *Phys. Rev.* **130** (1963) 647.
[3-77] C. Kittle: *Phys. Rev.* **120** (1960) 335.
[3-78] p.138 in Introduction to Solid State Physics-2nd ed. by C. Kittel (John.Wiley & Sons, New York).
[3-79] K. Shirakawa, H. Ido: *J. Phys. Soc. Jpn.* **40** (1976) 666.
[3-80] T. Kanomata, T. Goto, H. Ido: *J. Phys. Soc. Jpn.* **43** (1977) 1178.
[3-81] H. Ido, T. Kamimura, K. Shirakawa: *J. Appl. Phys.* **55** (1984) 2365.
[3-82] T. Kamimura, H. Ido, K. Shirakawa: *J. Appl. Phys.* **57** Part IIA (1985) 3255.
[3-83] 本書の理論編第 2 部参照.
[3-84] J. B. Goodenough, G. B. Street, K. Lee, J. C. Suits: *J. Chem. Solids* **36** (1975) 451.
[3-85] N. Takahashi, S. Shimotomai, H. Ido: J. Appl. Phys. **97** (2005)10M513.

付録

自由エネルギーと磁気転移

　局在電子か遍歴電子かによらず，磁性体の自由エネルギー G は一般にランダウ型の展開式で表すことが出来る：

$$G = G(0) + a_2\sigma^2 + a_4\sigma^4 + a_6\sigma^6 + \cdots \tag{A1}$$

ここで σ はたとえば強磁性の場合は 0K での値に対する相対磁化（反強磁性の場合は副格子の相対磁化）である（$\sigma \leq 1$）．外部磁場 H が作用すると A1 式にゼーマンエネルギー $-\sigma H$ の形の σ の 1 次の項が付け加わる．磁気モーメントを担う電子が局在電子か遍歴電子か，またどのような理論的モデルに立つかによって，展開式の係数の中身が変わってくる．ここでは 3-2-1 で述べた MnAs の磁気転移に関する Bean と Rodbell の理論に現れる磁気エントロピーの展開式を σ^6 の項まで求め，それを使って自由エネルギー $G(\sigma)$ の表式とその温度変化を図示しておく．3-2-1 での記述との重複は避ける．

　スピン j を持つ N 個の粒子よりなる常磁性体に磁場 H が作用しているとする．これに対する自由エネルギー G は，$G = -gj\mu_B\sigma HN - TS(\sigma)$ と表されるので，$S(\sigma) = NkS(\sigma)$ と置くと，$G/NkT = -(gj\mu_B/kT)\sigma - S(\sigma) = -\alpha\sigma - S(\sigma)$．$\sigma$ に対する極小条件より $\partial G/\partial\sigma = 0$ として，

$$\alpha = -\partial S(\sigma)/\partial\sigma \tag{A2}$$

一方 α は，$B_j(\alpha)$ をスピン j のブリルアン関数（展開式）として，σ と関係する：

$$\sigma = B_j(\alpha) = A\alpha + B\alpha^3 + D\alpha^5 + \cdots \tag{A3}$$

ここで，

$$A=(1/3)[(2j+1)^2-1]/(2j)^2,\ B=-(1/45)[(2j+1)^4-1]/(2j)^4,$$
$$D=(1/945)[(2j+1)^6-1]/(2j)^6\cdots \quad (A4)$$

A2 式で $S(\sigma)$ を σ で展開して，

$$S(\sigma)=S(0)+a\sigma^2+b\sigma^4+c\sigma^6+\cdots=\ln(2j+1)+a\sigma^2+b\sigma^4+c\sigma^6+\cdots \quad (A5)$$

$S(0)$ が $\ln(2j+1)$ になるのは，$S=k\ln Z$（微視状態の数 $Z=(2j+1)^N$）から分かる．(A5) を (A2) に代入すると，$\alpha=-(2a\sigma+4b\sigma^3+6c\sigma^5+\cdots)$ となり，これを (A3) 式に代入してそれぞれの σ^n の係数を0とおくと，磁気エントロピーの σ による展開係数 $a, b, c, \ldots$ が求まる．

$$a=-1/A<0,\ b=B/4A^4<0,\ c=-(1/2)(B^2/A^7)+D/6A^6<0 \quad (A6)$$

A, B, D は A4 式で決まる．

3-2-1 における (3-2) 式で表される自由エネルギー G の磁気エントロピー S に対して，(A6) 式の係数をもつ σ による展開式 (A5) を代入する．そして結晶の体積に関する極小条件，$\partial G/\partial V=0$ を G に代入すると，結晶体積に関しては極小になっている自由エネルギーが得られる．

このようにして得られた自由エネルギーは，$T/T_0=t$ とおき，外部圧力 $P=0$，外部磁場 $H=0$ の場合には次式で表される：

$$G(\sigma)/NkT_0=-t\ln(2j+1)-a(t-1)\sigma^2-b(t-\eta)\sigma^4-ct\sigma^6+\cdots \quad (A7)$$

ここで

$$\eta=-(a^2/2b)NkKT_0\beta^2>0 \quad (A8)$$

いま MnAs の場合として 3-2-1 で議論したように，$\eta=2, j=3/2$ の場合について，(A7) 式を用いていくつかの相対温度 $t(=T/T_0)$ における $(G(\sigma)-G(0))/NkT_0$ のグラフを次の図 A1 に示す．

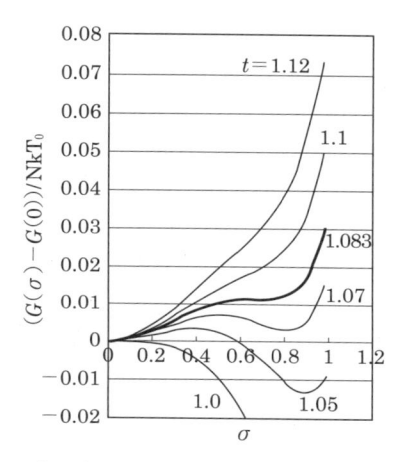

図A1 MnAs（スピン$j = 3/2$, $\eta = 2$）の場合の自由エネルギー対相対磁化σのグラフの温度変化．

図A1にみられるように，温度$t(=T/T_0)$を低温から上昇させるとき$t=1.083$で自由エネルギーの山がなくなり1次転移で磁化が消滅することが分かる．これは本文の図3-5の$\eta = 2$の場合と同じ内容を意味する．また温度下降過程では$t=1$のとき自由エネルギーの山がなくなり$\sigma=0$の状態から，急に磁化が発生することも分かる．図A1のグラフの計算ではエントロピーのσによる6次までの展開式を使ったので，グラフのσが1に近い領域では不正確になっている（展開式を使わないで計算できるがエントロピーの数値計算を要する）．自由エネルギーのσ^4の係数は大切な意味を持つ．$\eta \geq 1$であれば$1 \leq t \leq \eta$の温度域でσ^4の係数が負（$t \leq \eta$で負であるが特に）になることを意味する．σ^2, σ^6の係数は$t \geq 1$で共に正であるから，σ^4の係数が負にならなければ$t \geq 1$で自由エネルギーが$\sigma=0$以外の点で極少をもてない．1次転移の条件は$\eta \geq 1$である．

理 論 編

第 1 部

NiAs 型化合物の電子状態と磁性

といえる。

第1章
バンド計算

　NiAs型化合物のバンド計算は，1980年代半ば頃から我々（望月グループ），オランダのHaasらのグループによって精力的にはじめられるようになった．我々は self-consistent APW（augmented plane wave）法を用いており，Haasらは self-consistent ASW（augmented spherical wave）法を用いているが，両者により得られた結果はよく対応している．これらの計算ではポテンシャルにはマフィンティンポテンシャルを用い，交換相関相互作用には局所密度（スピン密度）汎関数近似（LDA，LSDA）を用い，実際の定式化にはGunnarsson-Lundqvist（GL）の式を用いている．GLの式の他に，von BarthとHedin（BH）の式を用いた計算もなされている．

　その後我々は，self-consistent full-potential linearized augmented plane wave（FLAPW）法を用いて計算を行ってきたが，フルポテンシャルを用いることによってより精密なバンド構造を得ている．またKulatovらは self-consistent linear-muffin-tin orbital（LMTO）法を用いてバンド計算を行っている．最近中田と山田はLMTO法で，atomic sphere近似（ASA）を用いた計算を行っている．この方法はFLAPW法に較べて比較的計算が楽なので，単位胞に多くの原子を含む場合には便利である．

　多くのバンド計算では，相対論効果は scalar relativistic の範囲でとり入れられていてスピン軌道相互作用（SOI）は省略されているが，Kulatovの計算にはSOIがとり入れられている．SOIはバンドの分散曲線の縮退を解き，また上向きスピンバンドと下向きスピンバンドの混じりを引き起こすので，強磁性バンド計算では磁気モーメントを減少させる効果が見られる．またSOIをとり入れて得られたバンドを用いれば光学遷移を論じることができる．

LDA の改良としては一般化密度勾配近似（generalized gradient 近似, GGA）による補正をとり入れた計算が行われるようになった．異なった相に対する全エネルギーの比較，例えば中田による CoAs の NiAs 型と MnP 型のエネルギーの比較に対して full-potential LMTO 法に GGA の補正を入れることにより実験とのよい対応を得ている．

90　理論編　第1部　NiAs型化合物の電子状態と磁性

第2章

バンド構造と光学的性質

2-1　バンド構造

a)　プニクタイド：MnAs, MnSb
NiAs型構造，非磁性状態

　NiAs型構造の結晶構造とブリルアン帯域を図2-1a)，b)に，self-consistent APW法によりマフィンティンポテンシャル，LDA近似を用いて得られたMnAsのバンドの分散曲線を図2-2a)に示す［2-1］．低エネルギー側からAs-$4s$軌道から成る2つのバンド，ギャップをへだててAs-$4p$とMn-$3d$軌道の混成した16個の混成バンドである．図2-2b)はp-d混成バンドの状態密度であ

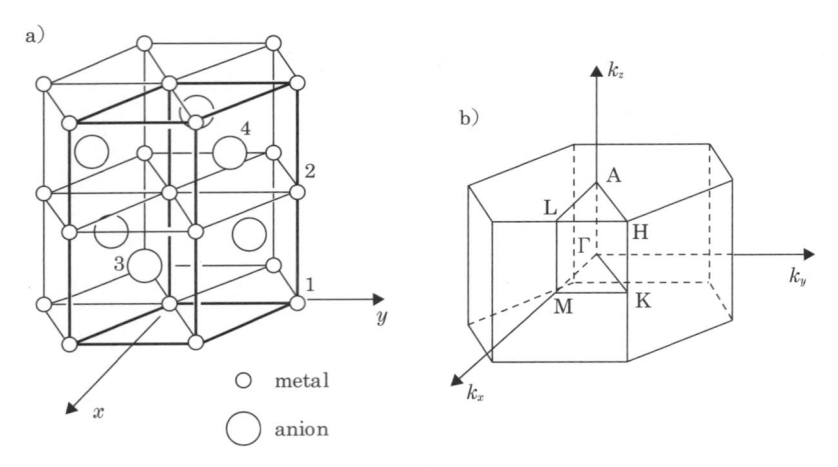

図2-1　NiAs型構造のa)　結晶構造，b)　ブリルアン帯域

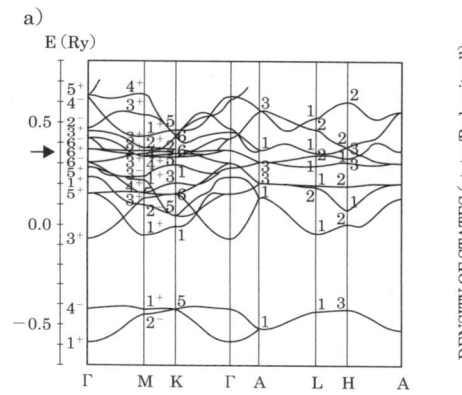

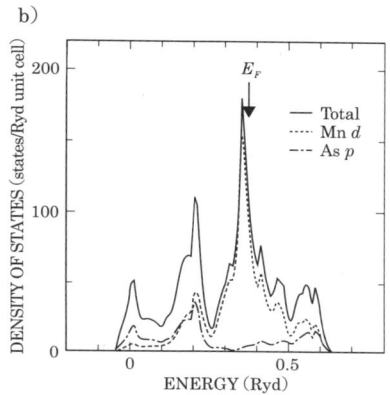

図 2-2　a) MnAs の非磁性バンドの分散曲線，b) MnAs の非磁性バンドの状態密度（APW 法）．

る．混成バンドの特徴は低エネルギー側の部分（As-4p 軌道を主とする結合軌道からの寄与）と高エネルギー側の部分（Mn の 3d 軌道を主とする反結合軌道からの寄与）に分れている．主として d 軌道からなる反結合 p-d 混成バンドの幅は約 5eV で狭くなく，このことはこの物質の d 電子は局在電子ではなく遍歴電子であることを示している．MnSb の状態密度は MnAs の状態密度とよく似ていて p-d 混成バンド全体の幅は MnSb の方が MnAs に比べてやや狭い．

フェルミレベルは状態密度の鋭いピークの近傍（ほとんど d 成分からなる）にあり，$\rho(E_F)$ の値は他の NiAs 型化合物に比べて大きく，このことは強磁性状態の出現に対して有利であることを示している．事実 MnAs, MnSb ともに T_C=318K，537K 以下でそれぞれ強磁性である．得られた状態密度は Sandratskii らによるグリーン関数法で得られた結果とよく対応している [2-2]．最近，中田，山田は FLAPW 法および LMTO-ASA 法により NiAs 型 MnAs の非磁性バンドの計算を行った [2-3]．交換相関項に対しては FLAPW 法による計算では GL の式を，を LMTO-ASA 法による計算では BH の式を用いている．得られた非磁性状態の状態密度を比較のために図 2-3a)，b) に示す．全体的な描像の主な特徴は APW 法で得られたものと変らないが微細構造がより明瞭にみられる．

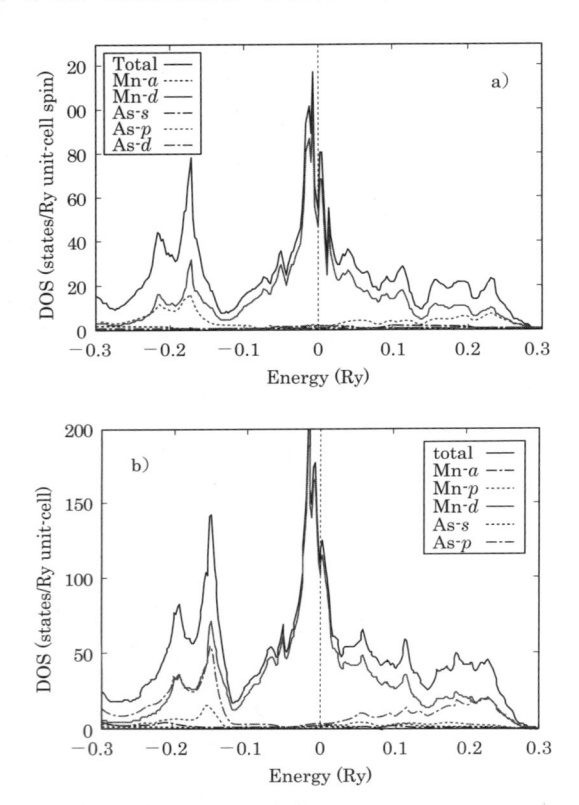

図2-3 MnAsの非磁性バンドの状態密度．a) FLAPW法，b) LMTO-ASA法（文献 [2-3] より転載）．

NiAs型構造，強磁性状態

NiAs型化合物の中でMnAs, MnSbだけが強磁性となり，MnAsのT_Cは318K，MnSbのT_Cは537Kである．望月らはself-consistent APW法で強磁性状態のバンドを計算した．ポテンシャルにはマフィンティンポテンシャルを用い，電子相関にはLSDA近似を用いて，定式化にはGLの式を用いている．

スピン分極の効果により低エネルギー側の$4s$バンドはほとんど影響を受けないがAs-$4p$とMn-$3d$のp-d混成バンドが上向きスピンバンドと下向きスピンバンドに分裂する．強磁性MnAsの状態密度を図2-4に示す．この図では

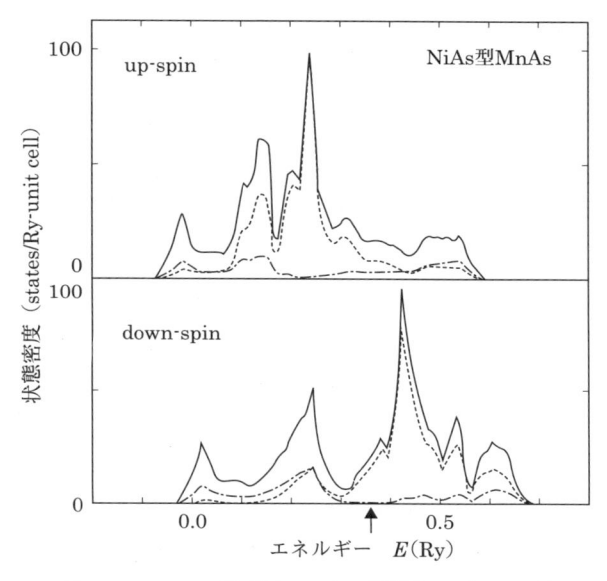

図 2-4　**MnAs** の強磁性バンドの状態密度（APW 法）

As-4s バンドは省かれている．図中の破線，一点鎖線は Mn-サイトと As-サイトのマフィンティン球内のそれぞれ Mn-3d, As-4p からの寄与を表わす．図2-2 に示した非磁性状態の状態密度と比較すると，スピン分極によって上向きスピン，下向きスピンのバンドが単に分裂するだけでなく，p-d 混成バンド全体が変形していることがわかる．バンド計算から得られた磁気モーメントの値は 3.1μ_B/formula で実測値 3.4μ_B/formula に比べてやや小さい．Mn-サイト，As-サイトのマフィンティン球内の磁気モーメントはそれぞれ 3.12μ_B/formula，$-0.15\mu_B$/formula と求められていて，全磁気モーメントのほとんどは Mn-サイトのマフィンティン球内から生じていると見てよい．全磁気モーメントの大きさ，および As-サイトに逆向きに 1/20 程度のモーメントが誘起されるという計算結果は中性子回折の結果とよく対応していて，強磁性モーメントはバンド理論でよく説明される［2-4］．

MnSb（NiAs 型構造）の強磁性状態のバンドを計算した結果では，p-d 混成バンド幅が MnAs のそれに比べてやや狭いことを除いて全体的な描像は MnAs

のそれとよく似ている．全磁気モーメントは $3.2\mu_B$/formula, Mn-サイト,Sb-サイトのマフィンティン球内のモーメントはそれぞれ $3.41\mu_B$/formula, $-0.12\mu_B$/formula で，これらの結果は山口らによる測定結果と大体一致している [2-4]．Coehoorn らは MnSb の強磁性状態のバンドを self-consistent ASW (augmented spherical wave) 法により求めているが，分散曲線，状態密度は self-consistent APW 法を用いた我々の結果と非常によく対応している [2-5]．Coehoorn らによれば磁気モーメントは Mn-サイトあたりに $3.3\mu_B$，Sb-サイトあたりに $-0.06\mu_B$ である．フェルミレベルにおける状態密度の値は 37.0 (states/Ry unit cell)，Coehoorn らの結果は 35.8 (states/Ry unit cell) で，これらの値は電子比熱の測定から求めた値 32.6 (states/Ry unit cell) とよく一致している．Liang と Chen は MnSb, CoSb, NiSb について XPS (X-ray photoelectron spectroscopy) の測定を行っていいる [2-6]．MnSb については強磁性状態を調べていることになるが，Coehoorn らはこのスペクトルを彼らの強磁性状態に対するバンド構造から得られたフェルミレベル以下の Sb-5s バンドによる状態密度，p-d 混成バンドのそれぞれに対する状態密度と比較している．

中田，山田は FLAPW 法，LMTO-ASA 法により NiAs 型 MnAs の強磁性状態のバンドを計算した [2-3]．状態密度を図 2-5 に示す．これらの結果を APW 法の結果と比較すると，FLAPW, LMTO-ASA の状態密度には微細構造が顕著にみられるが全体的な描像はよく対応している．

中田らは FLAPW 法によるバンド計算で得られた電子状態に基づき APW 波動関数を Mn の 5 つの d 軌道成分と As の 3 つの p 軌道成分に分離することを試み，成分分離させた状態密度およびフェルミレベルまで積分した積分状態密度を計算した．結果を図 2-6 に示す．Mn の d 軌道の合計を 100 (states/Ry unit cell) としたときの d 軌道の電荷の割合と磁気モーメントの割合は表 2-1 に示されている．これらの計算結果から，d 軌道は c 面内にとくに伸びているのではなく，ほぼ球形であることが明らかになった．さらに電荷分布を詳しくみるために，Mn-Mn を含む (0001) 面，($1\bar{1}00$) 面での電荷密度をプロットし，Mn-Mn 間のボンドに対しては Mn を中心とした電荷分布は球形であるこ

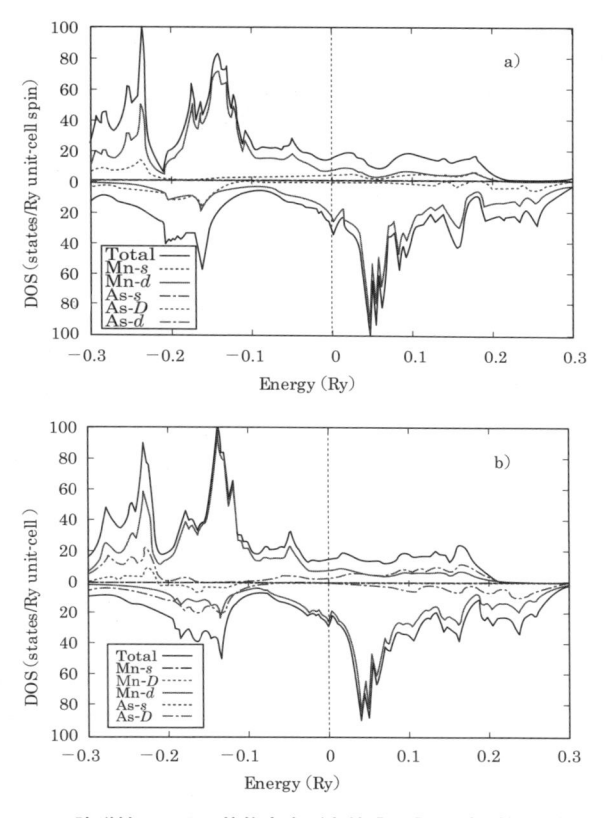

図 2-5　MnAs の強磁性バンドの状態密度（文献 [2-3] より転載）．(a) FLAPW 法，(b) LMTO-ASA 法．

とを確認した．また，Mn と As を含む（11$\bar{2}$0）面での電荷分布から Mn-As の強いボンドを確認し，さらにすべての Mn-As ボンドについて電荷分布をプロットした結果から，もっとも強いボンドは（11$\bar{2}$0）面の Mn-As ボンドであることを明らかにした．

　次に体積の変化に対する磁気モーメントの変化を調べた．このとき c/a を固定し M-X-M のボンド角を固定した場合と，c/a を変化（ボンドの長さを固定）させて M-X-M のボンド角を変化させた場合の磁気モーメントの変化を比較すると，ボンド角の変化に対して磁気モーメントが激しく変化することを見

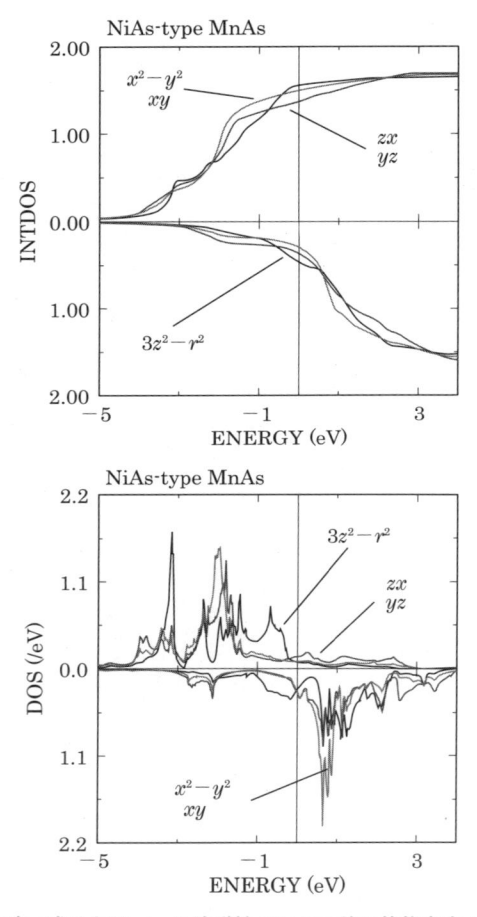

図 2-6 FLAPW法で求めたMnAsの強磁性バンドの積分状態密度と各d成分からの寄与(中田謙吾 私信).

表 2-1 MnAsの強磁性状態におけるE_F(フェルミレベル)まで積分した電荷と全磁気モーメントに寄与する各d成分の割合.(中田謙吾による計算.)

	$3z^2-r^2$	zx	zy	x^2-y^2	xy
charge	22%	19%	19%	20%	20%
moment	20%	18%	18%	22%	22%

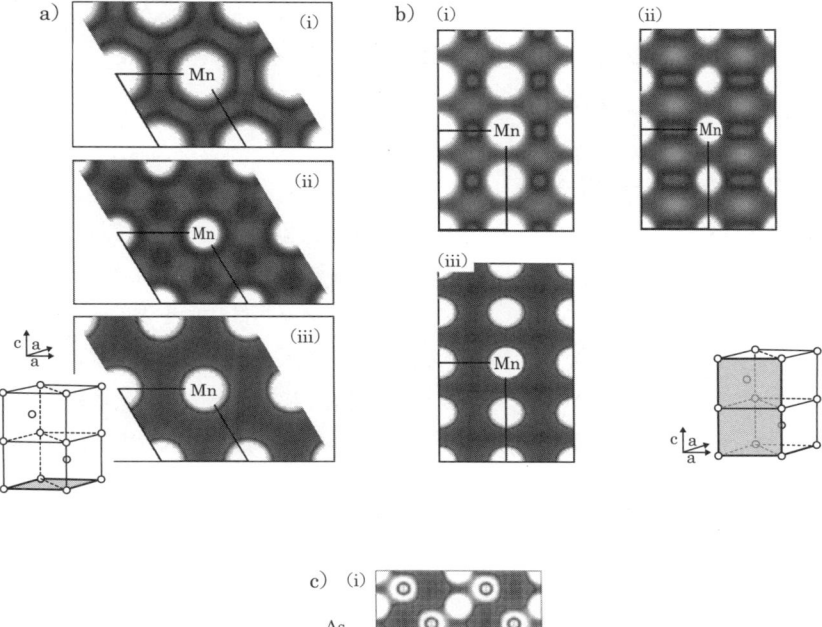

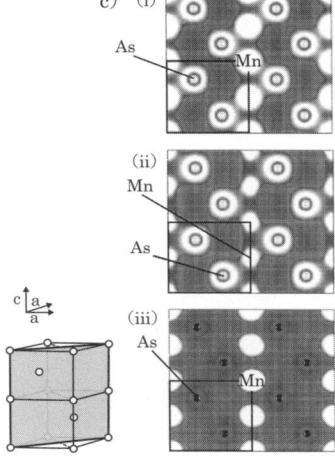

図 2-7 **MnAs** の電荷分布．a)（0001）面，b)（1$\bar{1}$00）面，c)（11$\bar{2}$0）面．それぞれの図の（i），（ii），（iii）はmajorityバンドの寄与，minorityバンドの寄与，モーメントを表す．（文献［2-3］より転載）．

出した．これらの結果から，MnとMnの間の距離が近いc軸方向の変化よりも，Mn間の距離が遠いa軸方向の変化に対して，磁気モーメントが敏感であることを理解することが出来る．

MnP型MnAsの非磁性状態

MnAsはT_t=318KでMnP型構造に歪むことが知られている．望月グループではself-consistent APW法を用いてMnP型MnAsの非磁性バンドを計算した．MnP型に歪むことにより，NiAs型相でのバンドは変形を受けるが，主な変化はフェルミレベルでの状態密度の値が歪みの大きさと共に減少することである．このことに基づいてMnAsのMnP型相で観測されている常磁性帯磁率の異常な温度変化と異常体積効果をスピンのゆらぎを取りいれて理論的に説明できることを第3章で示す．

b) FeAs, CoAs, NiAs

CoAsは低温でMnP型構造をとりT_t=1250KでNiAs型に転移する．FeAsは全温度領域でMnP型，NiAsは全温度領域でNiAs型である．磁気的にはFeAsを除いて全温度領域で非磁性で，FeAsのみがT_N=77K以下で二重らせん磁性体になる．

NiAs型非磁性状態

Self-consistent APW法により，マフィンティンポテンシャル，LDA近似を用いて非磁性状態のバンドを計算した．CoAsのp-d混成バンドの状態密度を図2-8に示す．フェルミレベルにおける状態密度の値はCoAs, NiAsでそれぞれ $\rho(E_F)$=46, 31 (states/Ry unit cell) でMnAsの値 156 (states/Ry unit cell) に比べて小さい．このことはMnAsが強磁性になるのに対してCoAs, NiAsが強磁性にならないことと矛盾しない．CoAs, NiAsのフェルミ面を調べた結果では，CoAsはA軸の周りに大きさの異なった二つのホール面をもち，一方を波数ΓMだけずらしたときに他方とよくネストすることが期待される [2-7]．波数ΓMはMnP型の格子変形を記述するベクトルである．

このことから，CoAs は仮に NiAs 型構造をとったとしても MnP 型構造になりやすいといえる．これに反して NiAs ではフェルミ面間で波数 ΓM による接触が期待されない．すなわち MnP 型構造は起こりにくいといえる．

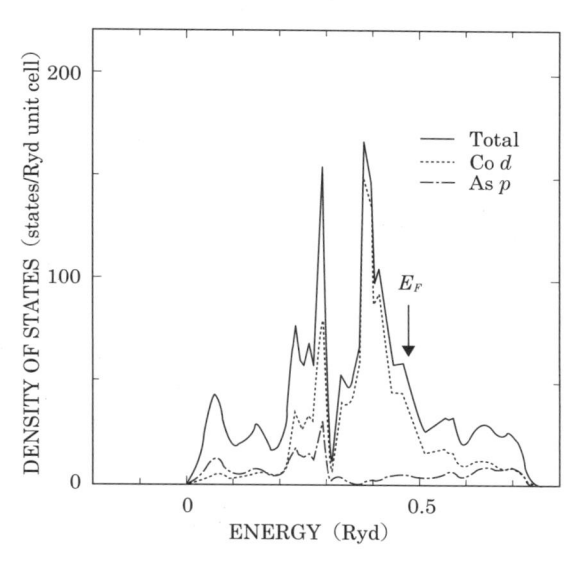

図 2-8 CoAs (NiAs 型) の非磁性バンドの状態密度 (APW 法)

MnP 型非磁性状態

MnP 型 CoAs, FeAs の非磁性バンドの計算により，図 2-9 に示す p-d 混成バンドの状態密度が得られている．いずれの物質もフェルミレベル直下で $\rho(E)$ が急激に増加している [2-7]．このような状態密度の特徴を取り入れることにより両物質の常磁性帯磁率の異常な温度変化を高橋―守谷によるスピンゆらぎの理論で説明できることを第 3 章で示す．

バンド計算では，ある物質の構造が絶対零度で NiAs 型か MnP 型かはそれぞれの構造を仮定して求めたバンドから全エネルギーを求めて比較することにより判定できる．最近，中田らは NiAs 型 CoAs と MnP 型 CoAs の非磁性バンドを full-potential LMTO 法を用いて求めている．交換相関項には GL を用いている [2-3]．全エネルギーの比較から CoAs では MnP 型が NiAs 型よ

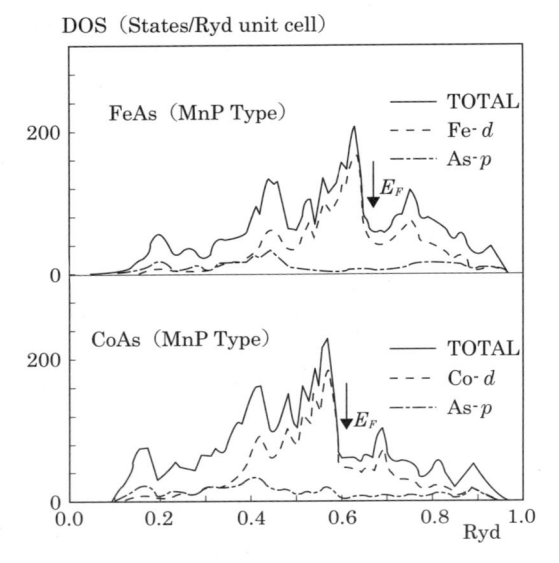

図 2-9　MnP 型 CoAs, FeAs の非磁性バンドの状態密度（APW 法）

り安定であることを示した．この結果は実験結果と一致している．また，GGA 補正をいれた full-potential LMTO 法でも同じ結果を得ている．

c) プニクタイド：CrSb, CrAs, CrP

周期律表の 5B（VA）族元素プニコゲン P, As, Sb と $3d$ 遷移金属元素 Cr の 1 対 1 化合物 CrX（X=Sb, As, P）は，六方晶 NiAs 型（$B8_1$ 型），または斜方晶 MnP 型（B31 型）の結晶構造をとる（実験編参照）[2-8]．表 2-2 に示すように，CrX 化合物の格子定数は，Sb, As, P の順に減少傾向にある．特に a 軸の長さが相対的に著しく減少している．また，CrX 化合物は X に依存し，多様な磁気特性を示す：CrSb は反強磁性体で，Cr 原子の磁気モーメントは約 $3.0\mu_B$ である [2-9, 2-10]．CrAs はダブルヘリカル磁性体で，Cr 原子の磁気モーメントは CrSb のそれの約半分の $1.7\mu_B$ である [2-11]．CrP は，帯磁率が非常に弱い温度依存性を示す常磁性体である [2-12]．また，CrAs におけるダブルヘリカル構造は，As に対してわずか数％の P の置換によって常磁性

表 2-2 CrX（= P, As, Sb）化合物の室温における結晶学的パラメータ．格子定数 a, b, c は MnP と NiAs 型構造に対して共通である（実験編参照）．u, v, w, x は原子変位パラメータ．これらのデータは文献 [2-8] から採られた．

	CrP	CrAs	CrSb
Crystal structure	MnP type	MnP type	NiAs type
a (Å)	3.114	3.463	4.127
b (Å)	6.018	6.212	7.148
c (Å)	5.360	5.649	5.451
u	0.05	0.05	0
v	0.065	0.05	0
w	0.018	0.006	0
x	0.0073	0.0065	0

体になることが知られている [2-13]．これらの実験結果は，CrX 化合物における結晶構造と磁気的性質に密接な関係があることを示唆している．

ここでは，第 1 原理に基づく full potential linear muffin-tin orbital（FP-LMTO）法 [2-14] によるバンド計算を行い，CrX（X=Sb, As, P）における結晶構造と電子構造および磁気的性質の関係を検討する．計算では，表 2-2 に示される結晶学的パラメータが用いられた．FP-LMTO 計算において，交換相関相互作用には局所密度汎関数近似を用い，Vosko, Wilk, Nussair によって定式化された式が採用された [2-15]．ポテンシャルは 1/24 のブリルアン帯域内の 125 個の k-点でサンプリングしたときの固有値を self-consistent な計算結果によって収束するように決めた．収束判定は，ポテンシャルの差が 10^{-3}mRy とした．

非磁性状態における CrX（X = P, As, Sb）のバンド計算で得られた状態密度（density of state; DOS）が図 2-10 に示されている．図 2-10 は，3 つの特徴を示している：(1)全バンド幅が CrSb，CrAs，CrP の順に増大していく，(2) Cr と X の混成が，高エネルギー側と低エネルギー側で起こる，(3)フェルミ準位（E_F）近傍で，X が Sb，As，P の順に Cr 原子の DOS のピーク幅が広がり，かつ，2 つのピークに分裂し，すべての X とほとんど混成しない．表 2-2 に見られるように，c 軸方向の Cr-Cr 間最短距離は，大体 $c/2$（～2.7Å）に等し

く，すべての CrX に対してほぼ一定である．一方，c 面内における Cr-Cr 最短距離（$=a$ 軸長）は，X の変化とともに著しく変化する．したがって，c 面内の化学結合状態の変化が，図 2-10 のバンド構造における上述の 3 つの特徴と密接に関係しているのであろう．

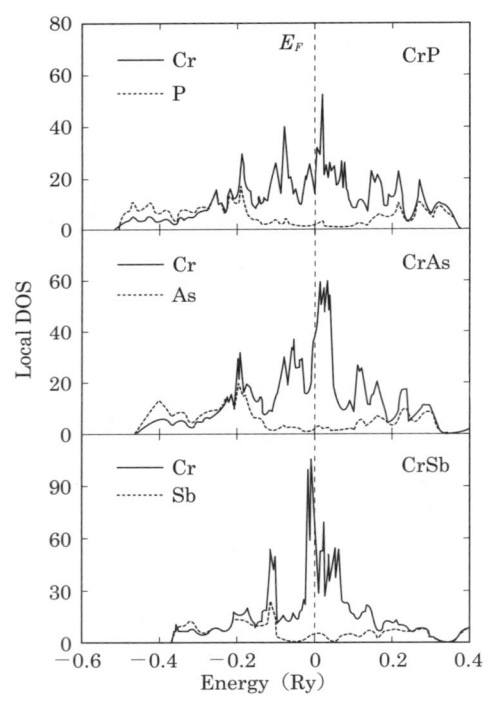

図 2-10　CrX（X= P, As, Sb）化合物における Cr および X 原子の局所状態密度（states/Ry atom）．

　CrX における全状態密度に対する 5 つの $3d$ 成分の寄与が調べられ，CrSb と CrAs に対する結果を図 2-11 に示す．CrSb と CrAs は表 2-2 に見られるように，異なる結晶構造を持ち，特に a 軸長が大きく異なる．この格子定数の違いと状態密度の関連を次に検討する．図 2-11 に見られるように，CrSb におけるフェルミ準位近傍の鋭く，かつ高い DOS ピークは，c 面内に広がる $d(xy)$

第 2 章　バンド構造と光学的性質　103

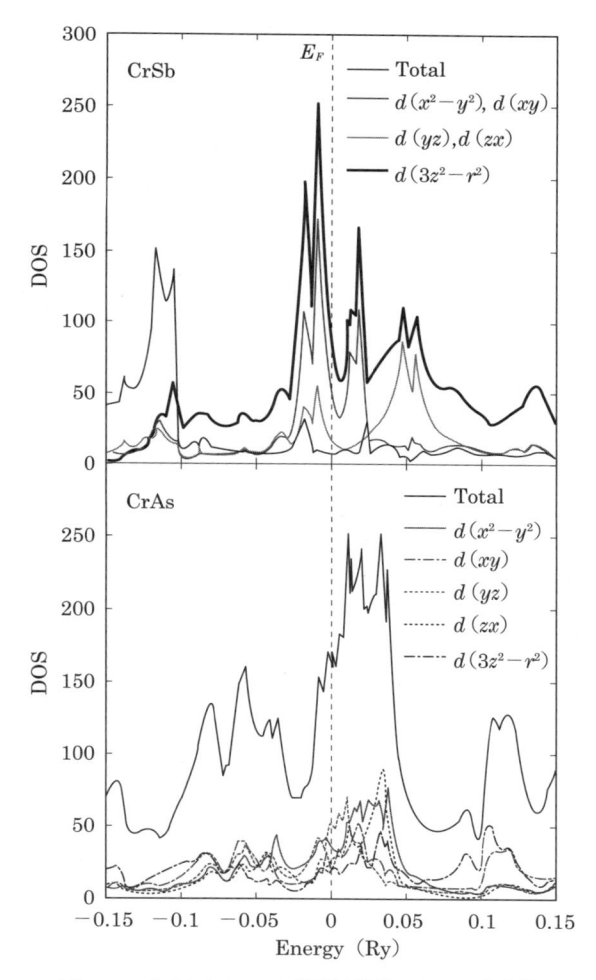

図 2-11　CrSb と CrAs の常磁性状態における全状態
密度への 5 つの 3d 成分バンドの寄与

と $d(x^2-y^2)$ の 3d 状態による寄与から成り，プニコゲン元素の p 状態とはあまり混成しない（図 2-10 参照）．一方，CrAs のフェルミ準位近傍の DOS ピークは，$d(xy)$ と $d(x^2-y^2)$ ばかりでなく，$d(xz)$ と $d(yz)$ からの寄与も存在し，CrSb に対して a 軸長の著しい縮小により，$d(xy)$ と $d(x^2-y^2)$ バンドは広がり，かつ DOS のピークがフェルミ準位より上部に存在する．また，$d(xz)$

と$d(yz)$のエネルギーは，Asの原子変位（v）によって少しだけ低下するが，フェルミ準位よりも高いままである．低エネルギーおよび高エネルギー側のDOSピークは，主に結合および反結合バンドを形成する$d(xz)$, $d(yz)$, $d(3z^2-r^2)$の3d状態とプニコゲン元素のp状態からの寄与による．このようにa軸長の著しい変化によって引き起こされる$d(xy)$と$d(x^2-y^2)$バンドの変化が，CrSb，CrAs，CrPに対する磁気特性に重要な役割を演じていると考えられる．図2-10で示されるCrPのフェルミ準位におけるDOSの値は27.3（states/Ry f. u.）と得られ，電子比熱の測定［2-16］と帯磁率の測定［2-17］から見積もられた値のそれぞれ約1/2, 1/4である．（化学式（CrP）あたりをformula unitとしてf. u.と表す）．

　図2-12に，CrSbの反強磁性状態におけるCr副格子のCr原子に対する状態密度を示す．Cr原子の磁気モーメントは$2.7\mu_B$と得られ，実験値2.7［2-10］，$3.0\mu_B$［2-9］とよい一致を示す．図2-10のCrSbにおけるSbのp成分を考慮すると，図2-12の上向きスピンバンドにおけるCr-d成分は，ほぼE_Fより高エネルギー側にあり，dバンドは強く分極していることが分かる．これはCrAsに比べて著しく長いa軸により，CrSbにおけるCr-d状態は，比較的局在性が強いことを示している．また，下向きスピンバンドは，E_F近傍にバンドギャップを形成する傾向がある点は注目に値する．

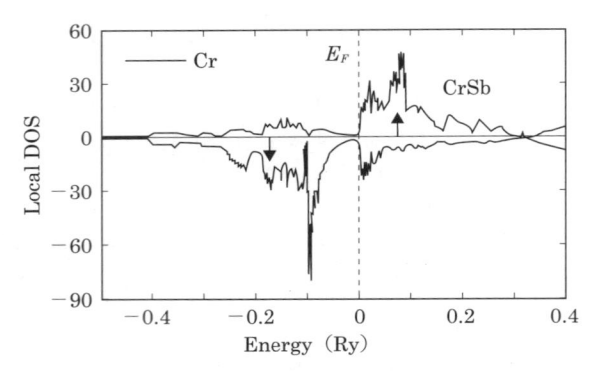

図2-12　反強磁性CrSbにおけるCr-副格子のCr原子に対する局所状態密度（states/Ry atom）

図 2-13 に CrSb の常磁性，強磁性，反強磁性状態における全エネルギーと体積の関係が示され，反強磁性状態が最も安定である．最後に，CrAs の磁性（二重らせん構造で $\mu_{Cr}=1.7\mu_B$, $T_N=250K$；実験編参照）の不安定性については，波数ベクトル q に依存する帯磁率 $\chi(q)$ の格子定数依存性の吟味が必要であり，今後の重要な研究課題である．

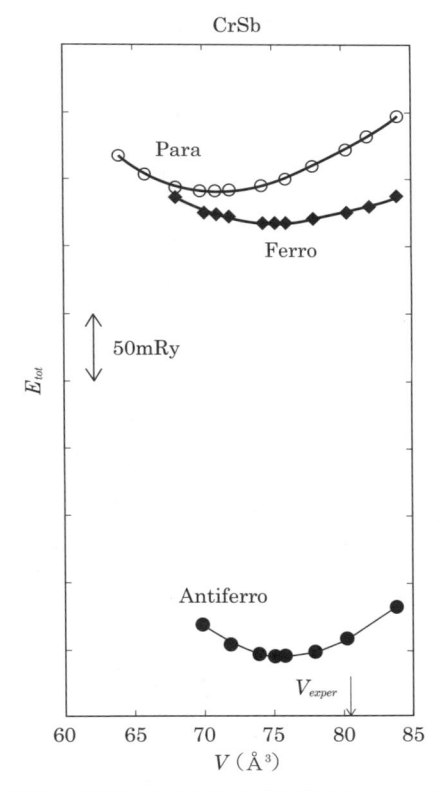

図 2-13 CrSb の常磁性，強磁性，反強磁性状態における全エネルギーの体積依存性．V_{exper} は観測値を示す．

d) カルコゲナイド：CrTe, CrSe, CrS

Cr-カルコゲナイドは NiAs 型構造をとり，CrTe は $T_C=340K$ 以下で強磁性，CrSe と CrS は $T_N=285$, $460K$ 以下で反強磁性となる．これらの物質に

については，とりわけ圧力効果に興味がもたれていて，Shanditsev らは電子スピン共鳴の測定で 2.8GP で強磁性が消失して他の磁気状態に変わることを指摘している [2-18]．鹿又らは T_C および強磁性モーメントの圧力変化を測定し，高圧下では強磁性が不安定であることを示した [2-19]．石塚と江藤は 7GP で強磁性が消失し，さらに 13GP で結晶構造が MnP 型に転移すると報告している [2-20]．これらの実験に関連して，望月グループでは理論的にバンド構造の圧力変化を計算して，磁気相転移を詳細に調べている．圧力効果については第 5 章で詳しく述べるので，ここでは常圧下でのバンド構造に注目し，とくに最近中田らによって得られた強磁性状態の電荷分布および磁気モーメントの Cr-Cr ボンドの距離依存性と Cr-Te-Cr ボンドのボンド角依存性について記す．

　中田らは FLAPW 法を用いたバンド計算で得られた強磁性状態の電子状態に基づいて APW 関数を Cr の 5 つの d 軌道成分と Te の 3 つの p 軌道成分に分離し，成分分離した状態密度とフェルミレベルまで積分した積分状態密度を計算した．これらの結果を図 2-14a)，b) に示す [2-3]．5 つの d 軌道の合計を 100 (states/Ry unit cell) としたときの各 d 軌道の電荷の割合と磁気モーメントの割合を表 2-3 に示す．電荷，モーメントともに各 d 軌道からの寄与の割合はほとんど変わらない．すなわち，MnAs の場合と同様に CrTe でも d 軌道は c 面内に特に伸びているのではなく，ほぼ球形である．さらに，Cr-Cr を含む (0001) 面，($1\bar{1}00$) 面での電荷密度をプロットし，Cr-Cr のボンドに対して Cr を中心とした電荷分布は球形であることを確認した．Cr と Te を含む ($11\bar{2}0$) 面での電荷分布から Cr-Te の強いボンドを確認し，さらに，すべての Cr-Te ボンドについて電荷分布をプロットした結果から最も強いボンドは ($11\bar{2}0$) 面の Cr-Te ボンドであることを明らかにした．

　次に彼らは，体積変化に対する磁気モーメントの変化を調べた．c/a を固定して Cr-Te-Cr のボンド角を固定した場合と c/a を変化させて Cr-Te-Cr ボンド角を変化させた場合の磁気モーメントの変化を比較してボンド角の変化に対して激しく変化することを見出した．これらの結果は Cr と Cr の距離が近い c 軸方向の変化よりも，Cr と Cr の距離が遠い a 軸方向の変化に対してモーメン

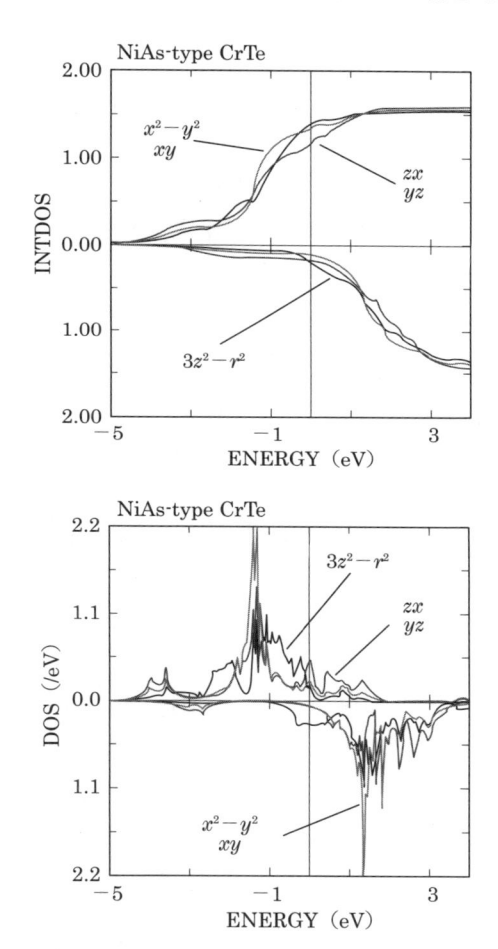

図 2-14　FLAPW 法で求めた CrTe の強磁性バンドの積分状態密度と各 d 成分からの寄与（中田謙吾 私信）.

表 2-3　CrTe の強磁性状態における E_F（フェルミレベル）まで積分した電荷と全磁気モーメントに寄与する各 d 成分の割合（中田謙吾による計算）.

	$3z^2-r^2$	zx	zy	x^2-y^2	xy
charge	22%	19%	19%	20%	20%
moment	21%	18%	18%	21.5%	21.5%

2−2 光学的性質

スピン軌道相互作用をとり入れたバンド計算を行えば，得られたバンドを用いて光学的な性質を論じることができる．

Kulatov は MnAs，MnSb の強磁性バンドを LMTO 法により計算した［2-21］．ポテンシャルはマフィンティン近似を，一電子ポテンシャルの交換項と相関項には von Barth と Hedin による局所密度汎関数の近似を用いている．さらに相対論効果による scalar relativistic な計算にスピン軌道相互作用の効果を摂動で取りいれている．

MnAs，MnSb の状態密度の計算結果を図 2-15a)，b) に示す．望月らによる self-consistent APW 法で求めた結果と比較して，スピン軌道相互作用による細い分裂を別とすれば全体的な描像はよい対応を示している．この計算で得られた磁気モーメントは測定値とよく一致している．

Kulatov は計算したバンドを用いて光学的性質を詳細に調べている．すなわち，線形応答関数に対する久保公式に従って誘電関数（dielectric function）をバンドを用いて具体的に求める．光吸収の強さは誘電関数の虚数部 $\varepsilon_2(\omega)$ に比例する．$\varepsilon_2(\omega)$ はバンド内遷移から生じる部分 $\varepsilon_2^D(\omega)$（ドルーデ項）とバンド間遷移から生じる部分 $\varepsilon_2^b(\omega)$ の和で与えられる．遷移に関して双極子近似を用いれば $\varepsilon_2^b(\omega)$ は

$$\varepsilon_2^b(\omega) = \frac{8\pi^2 e^2}{3m^2 \omega^2 \Omega} \sum_k \sum_{\lambda' \neq \lambda} |\langle k\lambda'|j|k\lambda\rangle|^2 f_{k\lambda'}(1-f_{k\lambda}) \delta(E_{k\lambda'} - E_{k\lambda} - \hbar\omega) \quad (2\text{-}1)$$

で与えられる．$f_{k\lambda}$ はフェルミ分布関数，$j = -i\dfrac{e\hbar}{m}\nabla$，$\lambda$ はバンドを指定する添字を表わす．バンド間光伝導率 $\sigma(\omega)$ は $\varepsilon_2^b(\omega)$ と

$$\varepsilon_2^b(\omega) = \frac{4\pi}{\omega}\sigma(\omega) \quad (2\text{-}2)$$

の関係にある．双極子遷移の行列要素は LMTO 法によるバンド計算で求めら

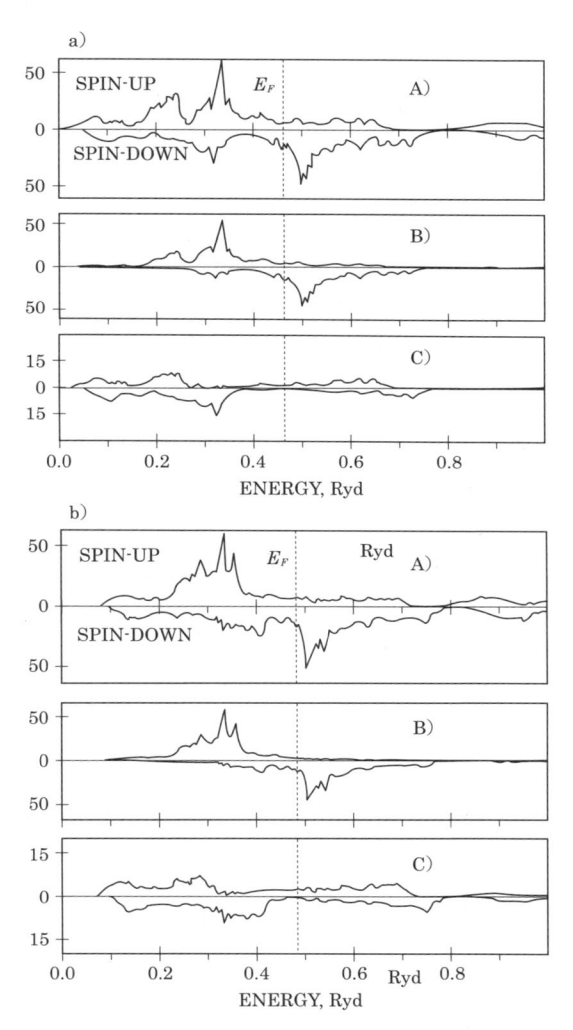

図 2-15　a) MnAs，b) MnSb の強磁性状態の状態密度（Kulatov によるスピン軌道相互作用をとり入れた LMTO 法によるバンド．A) は全状態密度，B) は Mn d の寄与，C) は As（Sb）p の寄与を示す．文献 [2-21] より転載）．

れた波動関数を用いて計算する．

　MnAs，MnSb の光学伝導率 $\sigma(\omega)$ の計算結果を図 2-16a)，b) に示す．ただし磁気モーメントの向きは c 軸（z 軸）とした．$\sigma_{xx}(\omega)$ を実線で，$\sigma_{zz}(\omega)$

110　理論編　第 1 部　NiAs 型化合物の電子状態と磁性

を破線で示した．σ_{xx} と σ_{zz} のピーク位置，形が異なっているのはこれらの物質の結晶構造が六方晶であることによる異方性に由来している．

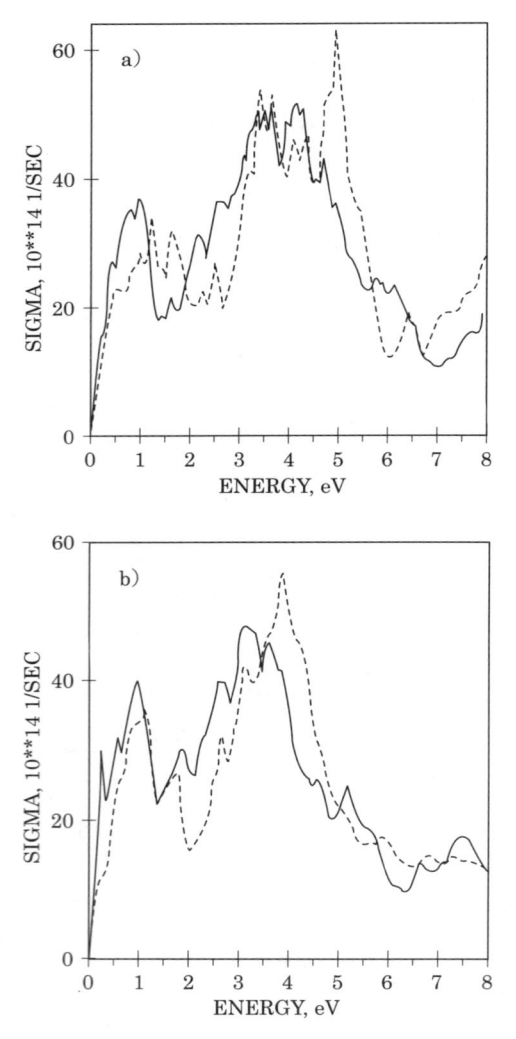

図 2-16　a) 強磁性 **MnAs**，b) 強磁性 **MnSb** の光学伝導率．実線は σ_{xx}，破線は σ_{zz}（**Kulatov** による計算，文献 [2-21] より転載）．

MnAs と MnSb の $\sigma(\omega)$ は類似な微細構造を示している．主として3つのエネルギー領域に見られる $\sigma(\omega)$ の構造は，次のようなバンド間遷移に由来すると考えられる．

- $\hbar\omega \sim 0.3\mathrm{eV}$ に現れる鋭いピークはフェルミレベル近傍の上向きスピンバンドと下向きスピンバンドがスピン軌道相互作用によって混成することにより直接遷移が可能となったバンド間遷移に対応している．
- $\hbar\omega \sim 1\mathrm{eV}$ のピークは主に Mn の $d\downarrow$ バンドに由来するバンド間遷移に対応している．
- $\hbar\omega$ が 2.5eV から 4.5eV の間に現れる幅広く強いピークは主に As または Sb の p バンドと Mn の d バンドの間の p-d 遷移によるものである．

図2-17に，Liang と Chen による MnSb の XPS スペクトルの測定結果（破線）と強磁性バンドのフェルミレベル以下の状態密度（実線）を示す［2-5］．また点線はガウス関数でレベルに幅を付けた状態密度である．測定では粉末試料を用いているので計算による σ_{zz} と $2\sigma_{xx}$ の和が比較されるべき量である．測定結果と図2-16に示した計算結果の間には対応が見られるが，単結晶を用いた測定結果が望まれる．

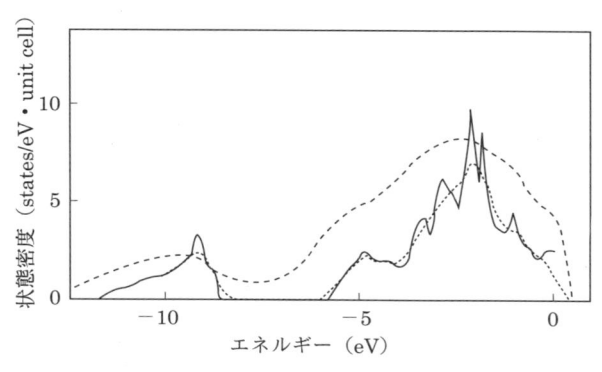

図2-17 MnSb の強磁性バンドの状態密度（実線）とXPS スペクトル（破線）（文献［2-5］より許可を得て転載，Copyright (2007) by the American Physical Society）．

参考文献

[2-1] K. Motizuki, *Recent Advances in Magnetism of Transition Metal Compounds*, edited by A. Kotani and N. Suzuki (World Scientific, 1993) p. 26.; K. Motizuki, *J. Magn. Magn. Mat.* **70** (1987) 1.;望月和子,加藤敬子「NiAs 型化合物における電子構造と磁性および構造相転移」固体物理 vol. 21 (9) (1986) 627.

[2-2] L. M. Sandratskii, R. F. Egorov, and A. A. Berdyshev, *Phys. Stat. Sol.* (b) **103** (1981) 511.

[2-3] 中田謙吾, 博士論文.

[2-4] Y. Yamaguchi and H. Watanabe, *J. Magn. Magn. Mat.* **31-34** (1983) 619.

[2-5] R. Coehoorn, C. Haas and R. A. de Groot, *Phys. Rev.* **B31** (1985) 1980.

[2-6] K. S. Liang and T. Chen, *Solid State Commun.* **23** (1977) 975.

[2-7] M. Morifuji and K. Motizuki, *J. Phys. Soc. Jpn.* **57** (1988) 3411.; M. Morifuji and K. Motizuki, *J. Magn. Magn. Mat.* **70** (1987) 70.

[2-8] Landolt-Börnstein III/27a, *Magnetic Properties of Pnictides and Chalcogenides*, eds. K. Adachi and S. Ogawa (Springer Berlin, 1989) p. 70.

[2-9] A. Kallel, H. Boller and F. Bertaut, *J. Phys. Chem. Solids* **35** (1974) 1139.

[2-10] A. I. Snow, *Phys. Rev.* **85** (1952) 365.

[2-11] K. Selte, A. Kjekshus, W. A. Jamison, A. F. Andresen and J. E. Engebresen, *Acta Chem. Scand.* **25** (1971) 1703.

[2-12] K. Selte, A. Kjekshus, and A. F. Andresen, *Acta Chem. Scand.* **26** (1972) 4188.

[2-13] T. Suzuki and H. Ido, *J. Appl. Phys.* **73** (1993) 5686.

[2-14] S. Y. Savrasov, Full-Potential Program Package "LMTART 6.50" New Jersey Institute of Technology (2003).

[2-15] S. H. Vosko, L. Wilk and M. Nussair, *Can. J. Phys.* **58** (1980) 1200.

[2-16] T. Kamimura; private communication.

[2-17] K. Selte, H. Hjersing, A. Kjekshus, A. F. Andersen and P. Fischer, *Acta Chem. Scand.* **A29** (1975) 695.

[2-18] V. A. Shanditsev, L. F. Vereschchagin, E. N. Yakovlev, N. P. Grazhdankina and T. I. Alaeva, *Sov. Phys. Solid State* **15** (1973) 146.

[2-19] T. Kanomata, N. Suzuki, H. Nishihara, T. Kaneko, H. Kato, N. Fujii, M. Ishizuka, and S. Endo, *Physica* B **284-288** (2000) 1515.; N. Suzuki, T. Kanomata, R. Konno, T. Kaneko, H. Yamauchi, K. Koyama, H. Nojiri, Y. Yamaguchi, and M. Motokawa, *J. Alloys Comp.* **290** (1999) 25.

[2-20] T. Eto, M. Ishizuka, S. Endo, T. Kanomata and T. Kikegawa, *J. Alloys Comp.* **315** (2001) 16.; M. Ishizuka, H. Kato, T. Kunisee, S. Endo, T. Kanomata and H. Nishihara, *J. Alloys Comp.* **320** (2001) 24.

[2-21] E. Kulatov, L. Vinokurova and K. Motizuki, *Recent Advances in Magnetism of Tran-sition Metal Compounds*, edited by A. Kotani and N. Suzuki (World Scientific, 1993) p.56.

第3章

常磁性帯磁率，体積の温度変化の異常とスピンのゆらぎ

3-1 MnAs, MnAs$_{1-x}$P$_x$ の常磁性帯磁率と体積の異常な温度変化

温度を上げていくと MnAs は $T_C=318$K で強磁性（低温側）から常磁性に1次転移を示す．この温度で結晶構造は NiAs 型から MnP 型に変わり約2%の大きな体積の減少を伴う．$T_t=398$K で再び結晶構造は NiAs 型にもどる．図7-1に NiAs 型と MnP 型の結晶構造を示す．常磁性帯磁率は $T>T_t$ でキュリー‐ワイス的で，井門らの詳しい測定によれば $\chi^{-1}-T$ 曲線は直線からわずかにずれて上に凸の湾曲を示している．高温側の $\chi^{-1}-T$ 曲線の傾斜から見積もった磁気モーメントの大きさは約 $3.8\mu_B$ で強磁性状態での飽和磁化 $3.4\mu_B$ より大きい．

MnP 型構造をとる中間相（$T_C<T<T_t$）では磁気的には常磁性であるが，$\chi^{-1}-T$ 曲線の振舞いが異常で温度の関数として山を示す．T_C と T_t の間で体積は温度上昇と共に急激に増加し，T_t での体積は T_C 直下の体積にほぼ等しくなる．このような MnP 型相での帯磁率および体積変化の異常な振舞いは混晶系 MnAs$_{1-x}$P$_x$ ($0<x<0.275$) において顕著で，また CrSb$_{1-x}$As$_x$, Cr$_{0.4}$Mn$_{0.6}$As でも NiAs 型から MnP 型に歪んだ相で観測されている．Schwartz らによる MnAs, MnAs$_{1-x}$P$_x$ の常磁性相での中性子回折によれば，MnP 型相でのモーメントは NiAs 型相でのそれに比べて小さいが変化は連続的である．

阪大強磁場グループによる磁化過程の測定結果によれば，磁化は低温（T_C 以下）では磁場の強さにあまり依存しないが，高温（T_t 直下）では磁場依存性が

大きい．NiAs 型と MnP 型との境界温度付近の MnP 型相での測定では，メタ磁性的な磁場による磁化の誘起がヒステリシスを伴って観測されている．20kOe の低磁場と 400kOe の高磁場で測定した磁化の温度変化をみると，低磁場下では磁化は T_C でとびを示す．このとびは T_C で NiAs 型（T_C 以下）から MnP 型（T_C 以上）へ構造相転移を起こすことに伴うものであろう．これに反して高磁場下では磁化は低温から連続的な温度変化を示していて，これは NiAs 型構造が保たれているためと考えられる．このことから，観測されたメタ磁性は MnP 型（低磁場側）から NiAs 型（高磁場側）への構造相転移によるものではないかと推測される．

山口らは，強磁性状態で中性子回折を行い，As-サイトには $0.23\mu_B$ のモーメントが Mn-サイトのモーメントと反平行に誘起されていると報告している．MnSb も強磁性を示し，中性子回折によれば，Sb-サイトのモーメントは Mn-サイトのモーメントと逆向きに $0.3\mu_B$ である．

3-2　スピンのゆらぎと磁性

遍歴電子モデルの立場で有限温度の磁性を論じるには電子相関の働きが極めて重要である．守谷らは電子相関の効果をスピン密度のゆらぎという観点から扱い，ゆらぎの振幅が小さくて q-空間で局所的な弱い強磁性（または反強磁性）の極限と，ゆらぎが q-空間で広がっていて，あたかも実空間での局在モーメントのように振る舞う局在モーメントの極限（ゆらぎのすべての q 成分の間のモード・モード結合が重要）の両者をつなぐ統一理論を展開した [3-1]．望月と加藤は守谷―高橋 [3-2]，宇佐美―守谷 [3-2] の理論形式を MnAs に適用して磁性を議論した [3-4]．出発点のハミルトニアンとして single バンドハバード型のものをとる：

$$H = H_0 + H_1 = \sum_{\sigma, j, \ell} t_{j\ell} a_{j\sigma}^\dagger a_{\ell\sigma} + \sum_j \left[\frac{U}{4} n_j^2 - J S_j^2 \right] \quad (3\text{-}1)$$

H_0 の $t_{j\ell}$ はトランスファー積分を，$a_{j\sigma}^{\dagger}$ はサイト j にスピン σ の電子を作る生成演算子を，n_j と S_j はそれぞれ電荷密度とスピン密度の演算子を表す．また H_1 の U, J は原子内の有効クーロン積分と有効交換積分を表わす．ここでは5つの同等な d 軌道が縮退していると考えているので上式の U, J と通常の原子内クーロン積分と交換積分 U', J' の間には次の関係がある：

$$U = \frac{1}{5}(9U' - 4J')$$

$$J = \frac{1}{15}(U' + 4J')$$

一般に (3-1) 式のハミルトニアンで記述されるような多体系の問題は Stratonovich-Hubbard 変換という手法を用いれば時間的，空間的にゆらいでいる磁場 (ξ) と電場 (η) のもとでの一体問題に直すことができて，系の分配関数 Z （または自由エネルギー F）は汎関数積分の形に表される．Static 近似のもとでは Z は

$$Z = e^{-\beta F} = Tr[e^{-\beta(H_0 - \mu \hat{N})}] e^{-\beta \Delta F} \tag{3-2}$$

$$e^{-\beta \Delta F} = \int \prod_j d\xi_j d\eta_j \exp(-\beta \Psi[\xi, \eta]) \tag{3-3}$$

と書ける．μ はケミカルポテンシャル，$\hat{N}$ は全電子数オペレーター，$\beta = 1/k_B T$ である．汎関数 $\Psi[\xi, \eta] = \Psi_0[\xi, \eta] + \Psi_1[\xi, \eta]$ は

$$\Psi_0[\xi, \eta] = \frac{\pi}{\beta} \sum_j [\xi_j^2 + \eta_j^2] \tag{3-4}$$

$$e^{-\beta \Psi_1[\xi, \eta]} = \left\langle T_\tau \exp\left[-\int_0^\beta d\tau \sum_j \{\bar{c}_1 \xi_j \cdot S_j(\tau) + \bar{c}_2 \eta_j \cdot n_j(\tau)\}\right] \right\rangle \tag{3-5}$$

ここで

$$\bar{c}_1 = \sqrt{4\pi J/\beta}, \quad \bar{c}_2 = \sqrt{-\pi U/\beta} \tag{3-6}$$

であり，ξ_jとη_jはj-サイトに働く局所的な磁場，電場を表す．ξ_jのフーリエ成分をξ_qで表し，次の量を導入する：

$$x_\alpha = \frac{1}{N_0 \beta} \sum_q{}' \xi_{q\alpha} \xi_{-q\alpha} \qquad (\alpha = x, y, z) \tag{3-7}$$

N_0は結晶中の格子点の数で，$\sum_q'$は$q=0$の項を含まない．上式のx_αはξ-field の局所振幅の二乗平均を表わし，スピンのゆらぎの局所的な振幅の二乗平均と次の関係にある：

$$\langle (S_{j\alpha} - \langle S_{j\alpha}\rangle)^2 \rangle = \frac{\pi}{J}\left(x_\alpha - \frac{1}{2\pi\beta}\right) \tag{3-8}$$

守谷らは charge field に対しては鞍点近似を用い，スピンのゆらぎのモード間結合が主として局所的であると仮定して次のような形のモデル汎関数を導入した：

$$\Psi_1[\xi] = -\frac{2\pi J}{\beta}\sum_q{}'\sum_\alpha X_{q\alpha}[x, \xi_0]\xi_{q\alpha}\xi_{-q\alpha} + N_0 L[x, \xi_0] \tag{3-9}$$

この式の第一項は非局所項で局所スピン密度の相対的向きに依存する項のみ残すという近似のもとで（3-9）式のように$\xi_q\xi_{-q}$に比例した形とし，X_qに対してはqに関する適当な分布を仮定する．（3-9）式の第二項は局所項を表し，宇佐美―守谷は関数$L[x, \xi_0]$の具体的な形をCPA近似によって求めた．このようにして汎関数Ψ_1が求まれば，これから系の分配関数Zがわかるので，常磁性帯磁率，局所モーメントなどの物理量が計算できることになる．詳細は原論文に譲って，ここではMnAsの常磁性状態に対して行なった計算の結果を示す［3-4］．self-consistent APW法で求めたNiAs型相の非磁性状態のバンドを基にして，主としてMnのd軌道から作られるバンドの状態密度を直線で近似して図3-1の中に示したようなモデル状態密度を作り，これを用いた．一例として軌道当たりの電子数$n=0.65$，$U=J=2.8$（5/6eVを単位として）の場合の常磁性帯磁率χと局所モーメント$\sqrt{\langle S_j^2\rangle}$の計算結果が図3-1，図3-2の(1)の曲線で示されれている．$\chi^{-1}-T$曲線はキュリー-ワイス的であるが，わずかに

118 理論編 第1部 NiAs型化合物の電子状態と磁性

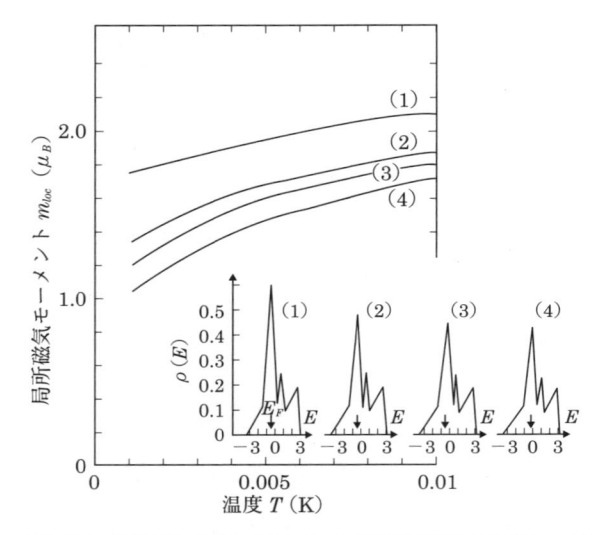

図 3-1 スピンゆらぎの理論で求めた MnAs の非磁性状態の局所モーメント m_{loc} の温度変化．下図 (1) は NiAs 型, (2), (3), (4) は MnP 型に歪んだ MnAs に対するモデル状態密度（文献 [3-4] より改変して転載）．

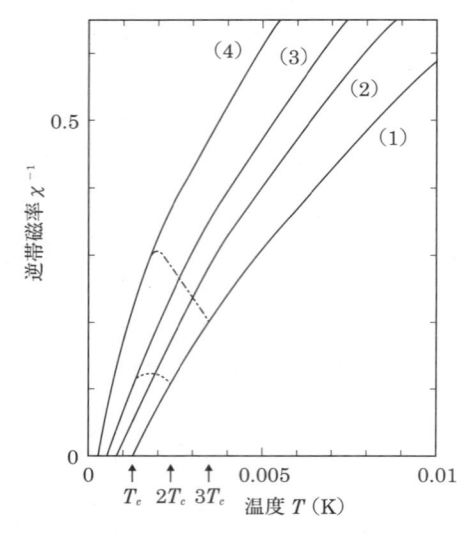

図 3-2 図 3-1 のモデル状態密度 (1)-(4) を用いて計算した MnAs の常磁性帯磁率の逆数 χ^{-1} の温度変化（文献 [3-4] より改変して転載）．

上に凸に湾曲している．χ^{-1} の高温側の傾きから見積もった磁気モーメントは $2.58\mu_B$ で 0K の磁気モーメントをモデル状態密度を用いてハートリー-フォック近似で計算した値 $2.30\mu_B$ に比べてわずかに大きい．これらの傾向は定性的には実験結果とよい対応を示している．しかし，$\chi^{-1}=0$ から見積もったキュリー温度は実測値より 1 桁低い．この見積もりは 2 次転移の T_C を与えるもので，実際は 1 次転移であるから実測の T_C と直接比較できるものではないが，軌道縮退によるファクターの補正と守谷理論に取り入れられていない量子効果を考慮すれば実測値に近づくことが期待できる．

次に MnP 型構造をとる中間温度領域での常磁性帯磁率を考える．APW 法によるバンド計算で示されたように，NiAs 型から MnP 型に歪むことによりバンドは変形し NiAs 型相で求めた状態密度のフェルミレベル近傍の鋭いピークの高さが歪みと共に減少する．そこでフェルミレベルでの状態密度 $\rho(E_F)$ が NiAs 型相での $\rho(E_F)$ の 90%，85%，80% に減少した場合を考え，それぞれの場合について図 3-1 に示したようなモデル状態密度(2)，(3)，(4)を作った．これらに基づいて常磁性帯磁率と局所モーメントの温度変化を計算した結果が図 3-1 と図 3-2 の(2)，(3)，(4)の曲線である．χ^{-1} の曲線の立ち上がりが(1)→(2)→(3)→(4)の順に激しくなっているのは局所モーメントがその順に減少していることによる．高温側から温度を下げてゆくと，χ^{-1} はまず(1)に沿って温度変化し，MnP 型への転移点以下では歪みの増加と共に(2)→(3)→(4)へと移り変わってゆく．NiAs 型から MnP 型への構造相転移温度 T_t が i) $T_t=2T_C$ の場合と，ii) $T_t=3T_C$ の場合を例として χ^{-1} 温度変化の様子を図の点線と鎖線で示した．ただし i)の場合については歪みが T_t と T_C の間で温度低下とともに連続的に増加しているとしたが ii)の場合については T_t と $1.5T_C$ の間では温度低下と共に歪みが連続的に増加するが $1.5T_C$ と T_C の間では一定値をとると仮定した．MnAs と MnAs$_{0.8}$P$_{0.2}$ の歪みの温度変化の測定結果によれば後者では MnP 型構造をとる温度領域が広い．さらに MnAs$_{0.8}$P$_{0.2}$ では歪みの値が大きく，また温度変化は T_t 直下で温度低下と共に激しく増加するが，その後は非常に緩やかでほぼ一定であることから，i)の場合が MnAs を，ii)の場合が MnAs$_{0.8}$P$_{0.2}$ を想定したものとみることができる．共に MnP 領域で χ^{-1} は山を示し，後者

ではとりわけ顕著である．以上のように我々はMnP型中間相の$\chi^{-1}-T$の温度変化の異常は，歪みの効果を取り入れたスピンのゆらぎの理論で説明できることを明らかにした．

3-3 スピンのゆらぎと体積変化

MnAs, MnAs$_{1-x}$P$_x$のMnP型相における体積の異常な温度変化を，遍歴電子の立場からスピンのゆらぎの効果を取り入れて説明することを試みた [3-5]．自由エネルギーFから電子系のcohesiveな負の圧力は$P=-\dfrac{\partial F}{\partial V}$によって与えられる．簡単のために一電子エネルギー$\varepsilon_k$がバンド幅$W$に比例するとし，さらにバンド幅$W$だけが体積に依存すると仮定すると，$P$は次の形に表される：

$$P = \lambda A/V \tag{3-10}$$

ただしλは$\lambda = -\dfrac{V}{W}\dfrac{\partial W}{\partial V}$で定義された量で，$A$は

$$A = \sum_k \varepsilon_k \frac{\partial F}{\partial \varepsilon_k} \tag{3-11}$$

を表わす．§3-2のスピンのゆらぎの理論によって求められたNiAs型常磁性相，MnP型常磁性相の自由エネルギーからAを計算する．自由エネルギー（サイト当たりを考える）はゆらぎに関係しない項F_0とゆらぎに関係した項ΔFの和で，F_0, ΔFはそれぞれ次のように求められる：

$$F_0 = -\frac{1}{N_0 \beta} \sum_{k\sigma} \ln[1+e^{\beta(\mu-\varepsilon_k)}] \tag{3-12}$$

$$\Delta F = \pi \left(x + \frac{|\eta_j|^2}{\beta} \right) + L(x) \tag{3-13}$$

ただし非局所項を省略している．$L(x)$は局所項で，CPA近似で求めた具体的な形を用いれば，(3-11)からAが計算でき，常磁性状態のAをA_pと書けば，

A_p は

$$A_p = -\frac{2}{\pi}\int d\varepsilon f(\varepsilon+\mu) \times \mathrm{Im}\{(\varepsilon+\mu-\Sigma_p-\gamma_p)F_p\} \tag{3-14}$$

と求められる．f はフェルミ分布関数．ただし ΔF 中の $|\eta_j|^2$ と x はあらわには ε_k に依存しないとした．μ は電子数を n として

$$-\frac{2}{\pi}\int d\varepsilon f(\varepsilon+\mu)\,\mathrm{Im}F_p = n \tag{3-15}$$

から定まるケミカルポテンシャルを表す．$\gamma_p = nU/2$ で，F_p は一粒子グリーン関数の対角成分を，Σ_p はサイトによらないセルフエネルギーを表わす．スピンのゆらぎを無視するハートリー・フォックの近似では局所モーメントがゼロで $\Sigma_p = 0$ となるから，A_p はこの近似のもとでは

$$A_p^{\mathrm{HF}} = 2\int d\varepsilon f(\varepsilon+\gamma_p)\varepsilon\rho(\varepsilon) \tag{3-16}$$

で与えられる．$\rho(\varepsilon)$ は状態密度である．$A\varepsilon$ は電子系のエネルギーを表わしている．A_p と A_p^{HF} の差 $A_p - A_p^{\mathrm{HF}}$ がスピンのゆらぎの寄与を表す．圧力変化 ΔP と体積変化 ΔV は圧縮率 κ を用いて

$$\frac{\Delta V}{V} = \kappa \Delta P \tag{3-17}$$

の関係にあるから，(3-11) 式から ΔP を ΔA で表せば体積変化は次のように与えられる：

$$\frac{\Delta V}{V} = \lambda\kappa\Delta(A_p - A_p^{\mathrm{HF}})/V + \lambda\kappa\Delta A_p^{\mathrm{HF}}/V$$

$$\equiv \frac{\Delta V_1}{V} + \frac{\Delta V_2}{V} \tag{3-18}$$

第一項はスピンのゆらぎによる体積変化を，第二項は電子系のエネルギー変化から生じる体積変化を表わす．

図3-1に示したMnP型構造に対するモデル状態密度(1)とMnP型に歪んだ構造に対するモデル状態密度(2), (3), (4)を用いて $A_p - A_p^{\mathrm{HF}}$ を計算した結果を図3-3の曲線(1), (2), (3), (4)で示す．$A_p - A_p^{\mathrm{HF}}$ はスピンのゆらぎによる寄与を表わ

していて，この量の温度変化はスピンのゆらぎの局所振幅の温度変化を反映している．ある温度における $A_p - A_p^{\mathrm{HF}}$ が(1)→(2)→(3)→(4)の順に小さくなっているのは MnP 型の歪みの増加と共にスピンのゆらぎが抑えられたためである．高温側から温度を下げてゆくと，$A_p - A_p^{\mathrm{HF}}$ はまず曲線(1)に沿って変化し，MnP 型への転移点 T_t 以下では(1)から(2)→(3)→(4)の曲線に沿って変化する．T_t を $2T_C$ および $3T_C$ とした場合の $A_p - A_p^{\mathrm{HF}}$ の温度変化を点線，鎖線で示した．$A_p - A_p^{\mathrm{HF}}$ の急激な温度変化が体積の著しい温度変化を与えるので，MnAs や MnAs$_{1-x}$P$_x$ の MnP 型相で観測されている体積の著しい温度変化にはスピンのゆらぎの効果が重要な役割を担っているということができる．

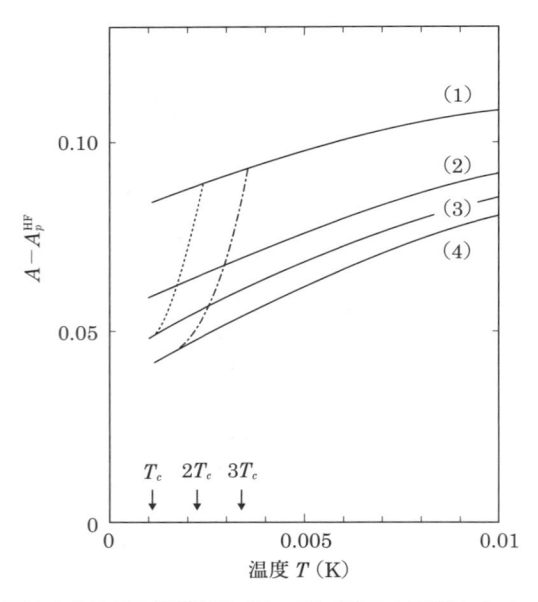

図 3-3 図 3-1 のモデル状態密度 (1)-(4) を用いて計算した $A_p - A_p^{\mathrm{HF}}$ の温度変化（文献 [3-5] より改変して転載）．

次に T_C における体積変化を求める．$\kappa = 4.5 \times 10^{-11}$m^2/N, $V = 34 \times 10^{-30}$m^3, $\lambda = 5/3$（Heine の見積もり）を用いて $A_p - A_p^{\mathrm{HF}}$ から求めた $\Delta V_1/V$ は，(1)→(2) の変化に対して 3.4%，(1)→(3) に対して 4.8%，(1)→(4) に対して 5.8% である．

$\Delta V_2/V$ は $\Delta V_1/V$ と同程度の値をもつことがタイトバインディング近似で求めた MnP 型相のバンド計算から見積もられている. 結論として, T_C における体積のとびには, NiAs 型から MnP 型への変形に伴って生じる局所モーメントの減少と, 変形による電子系のエネルギーの変化の両者が同程度に寄与しているといえる. $\Delta V/V$ の計算値は(1)→(2)に対して 7.1%, (1)→(3)に対して 9.5%, (1)→(4)に対して 12% である. 実測では MnAs で 2%, $MnAs_{1-x}P_x$ で 8〜10% の T_C における体積変化が報告されている. 計算では λ として Heine の見積もりによる 5/3 を用いたが, MnAs のバンド計算から筆者らが調べた結果では MnAs では λ は 1.1 程度と推定される. λ のこの値を用いれば計算値は上記の値の 2/3 程度になる.

3-4 CoAs, FeAs の帯磁率とスピンのゆらぎ

NiAs 型結晶構造をもつ Fe, Co, Ni アルセナイドの中で, FeAs は全温度領域で MnP 型構造をとり, CoAs は 1250K で NiAs 型から MnP 型に構造変化をおこし, NiAs はかなりの低温まで NiAs 構造を保つ. 森藤と望月は MnP 型構造の CoAs と FeAs, NiAs 型 NiAs の常磁性帯磁率 χ を, それぞれの物質の非磁性状態のバンドを用いて計算した. NiAs の χ は非常に弱い温度依存性を示す. バンドから見積った CoAs と FeAs の 0K における χ の値は測定値に比べてずっと小さい. NiAs の χ の値はオーダー的には測定値と一致している. NiAs の χ が温度に依存しないパウリパラの帯磁率を示すのに反して, CoAs と FeAs の MnP 型相で測定された常磁性帯磁率の逆数は高温側ではキュリー－ワイス則に従うが, 極小をへて低温側で著しく増大するという異常な温度変化を示す [3-6]. この温度変化の振舞いは弱い強磁性半導体 FeSi で観測された常磁性帯磁率の温度変化とよく似ている.

高橋と守谷は彼等の温度誘起によるスピンのゆらぎの理論を用いて, FeSi のバンドの状態密度の特徴的な形に基づいて常磁性帯磁率の逆数の温度変化を説明した [3-7]. この理論ではバンドの状態密度がフェルミレベルの低エネルギー側で大きな値をもち, フェルミレベルの直上で急激におちこむという特徴

ある形をしている場合には，ゆらぎのモード間に負のモード・モード結合をひきおこし，これによってχ^{-1}が極小をとり，それ以下の温度領域で急激に増大する．高温側ではスピンゆらぎの局所振幅が飽和する効果により常磁性帯磁率はキュリー‐ワイスの温度依存性をもつ．

森藤と望月は2.1bに示したMnP型相のFeAsとCoAsの非磁性状態の状態密度（図2-9）がフェルミレベル直上で急激に減少するというFeSiの状態密度と類似な形をしていることに注目し，高橋—守谷の理論形式にしたがって，χ^{-1}を温度の関数として計算した［3-8, 3-9］．例としてCoAsについての結果を図3-4に示す．ただし，状態密度にはバンド計算で得られたものをモデル化したものを用いた（図3-4の挿入図参照）．×印は測定値で，温度変化は計算で得られたものと類似している．このことからχ^{-1}の異常な温度変化はスピンのゆらぎの理論で解釈できる．ただし，χ^{-1}の極小をあたえる温度とχ^{-1}の大きさについては一致は十分ではない．FeAsについても同様な結果を得ている．

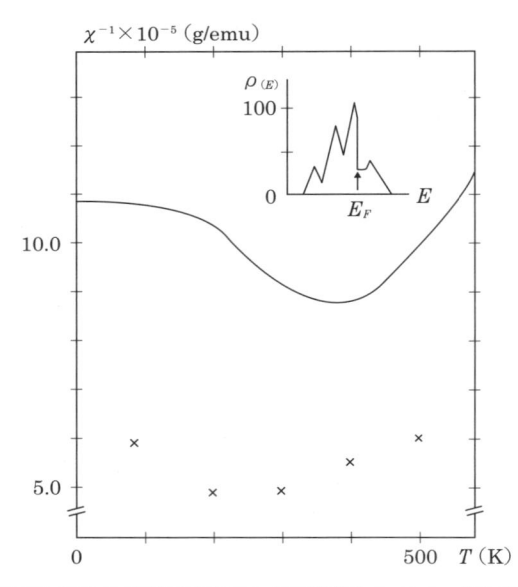

図3-4 スピンゆらぎの効果を取り入れて計算したCoAs（MnP型構造）の常磁性帯磁率の逆数χ^{-1}．実線が計算結果，×は測定値．挿入図は直線近似を用いたモデル状態密度．

参考文献

[3-1] T. Moriya, *Spin Fluctuations in Itinerant Electron Magnetism*, Springer Series in Solid-State Science 56 (Springer-Verlag, Berlin, (1985).
[3-2] T. Moriya and Y. Takahashi, *J. Phys. Soc. Jpn.* **45** (1978) 397.
[3-3] K. Usami and T. Moriya, *J. Magn. Magn. Mat.* **20** (1980) 171.
[3-4] K. Motizuki and K. Katoh, *J. Phys. Soc. Jpn.* **53** (1984) 735.
[3-5] K. Katoh and K. Motizuki, *J. Phys. Soc. Jpn.* **53** (1984) 3166.
[3-6] K. Selte, A. Kjekshus and A. F. Andresen, *Acta Chem. Scand.* **26** (1972) 3101.; K. Selte, A. Kjekshus and A. F. Andresen, *Acta Chem. Scand.* **25** (1971) 3277.
[3-7] Y. Takahashi and T. Moriya, *J. Phys. Soc. Jpn.* **46** (1979) 1451.
[3-8] M. Morifuji and K. Motizuki, *J. Magn. Magn. Mat.* **70** (1987) 70.
[3-9] K. Motizuki, *J. Magn. Magn. Mat.* **70** (1987) 1.

第4章

NiAs のフェルミ面とド・ハース - ファン・アルフェン振動

　フェルミ面の形についてはド・ハース - ファン・アルフェン振動の周期が磁場に垂直なフェルミ面の切り口の面積を与えることから，磁場の方向を回転させて振動数を測定することによりフェルミ面の形を推定することができる．最近，バンド計算によって求められた複雑な形をもつフェルミ面に対応するド・ハース - ファン・アルフェンの振動数を求めるプログラムが播磨によって開発され，計算結果と測定結果を直接比較することができるようになった．フェルミ面の形が正しく求められているかどうかは，バンド計算の正しさを確かめる上で重要である．正しいバンドを得るために，色々なバンド計算の手法の開発が進んでいる．また電子相関に対しては局所密度近似，局所スピン密度近似が用いられるのが普通であるが，これらの方法では密度の平均化という近似をとっているので十分電子相関が取り入れられていない．この点に関してGGA補正を取り入れるなどLDAの改良が進められている．

　NiAs型構造をもつ非磁性のNiAsとNiSbについて，日本ではじめて上村グループにより良質な単結晶を用いてド・ハース - ファン・アルフェン振動が測定された．NiAs型化合物は単位胞に2個のNiと2個のAsまたはSb原子を含むのでNiのd軌道とAsまたはSbのp軌道が混成していて，フェルミレベル近傍のバンドの分散曲線は複雑な波数依存性をもち，測定では多数の振動のブランチが観測されていて，これらの結果からフェルミ面の形を求めることは困難である．そこで我々のグループではバンド計算を行いフェルミ面を求め，その結果から計算によってド・ハースの振動数の磁場に対する角度依存性を求めて観測結果との比較を行った [4-1, 4-2].

第4章 NiAsのフェルミ面とド・ハース-ファン・アルフェン振動　127

　我々は初期には APW 法によりバンド計算を行ったが，さらに精度のよいバンドを得るために FLAPW 法によって非磁性バンドの計算を行った．電子の交換相関は LDA 近似で扱い GL の式をもちいた．スピン軌道相互作用は省略し相対論効果はスカラー relativistic で取り入れた．バンド計算にはプログラムコード TSPACE, KANSAI-92 を用いた．得られた NiAs と NiSb の分散曲線を図 4-1a), b) に示す．低エネルギー側の 2 本のバンドは As-$4s$ 軌道または Sb-$5s$ 軌道からできていて，ギャップの上の 16 本のバンドが Ni の $3d$ と As の $4p$ または Sb の $5p$ から成る p-d 混成バンドである．混成バンドの状態密度 $\rho(E)$ を図 4-2a), b) に示す．Ni の d, As または Sb の p 軌道からの寄与を示している．状態密度は p-d 結合部分，ほとんど d からなる非結合部分，p-d

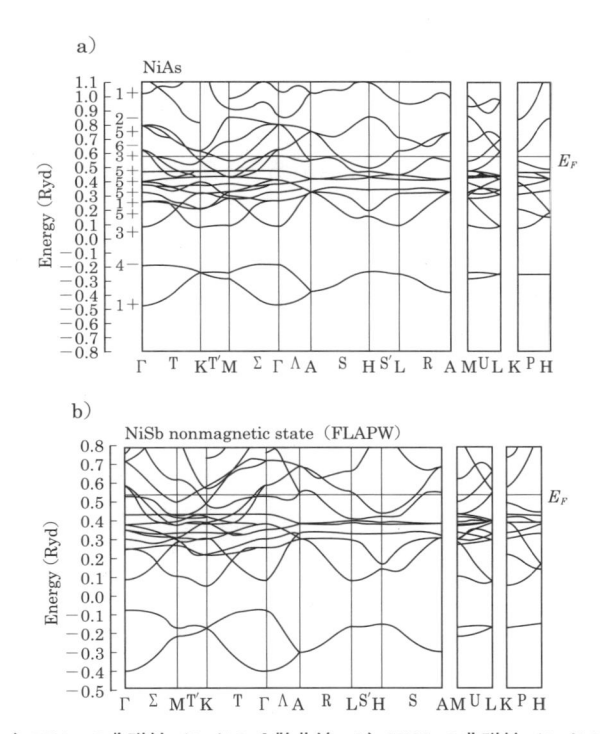

図 4-1　a) **NiAs** の非磁性バンドの分散曲線，b) **NiSb** の非磁性バンドの分散曲線（図 4-1 a) は文献［4-1］より転載）．

128　理論編　第1部　NiAs 型化合物の電子状態と磁性

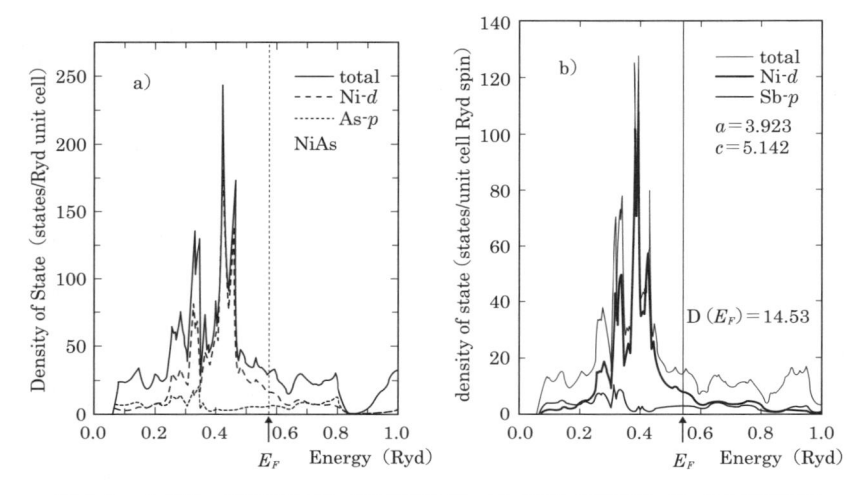

図 4-2　a) **NiAs の非磁性バンドの状態密度**，b) **NiSb の非磁性バンドの状態密度**
　　　（図 4-2 a) は文献 [4-1] より転載）．

反結合部分からできている．NiSb の状態密度の全体的な描像は MnAs のそれと類似であるが，バンド幅は MnAs に比べて広い．フェルミレベルは状態密度の鋭いピークの高エネルギー側にあり $\rho(E_F)$ の値は NiAs では 29.12（states/Ry unit cell），NiSb では 14.53（states/Ry unit cell）で，いずれも MnAs の 156（states/Ry unit cell）に比べてずっと小さい．このことは MnAs が強磁性になるのに対して NiAs，NiSb が強磁性になりにくいことを示唆している．NiAs の比熱の温度変化の係数 γ から見積った $\rho(E_F)$ は 34.54（states/Ry unit cell）で，理論値に比べて大きい．しかし，実験値と理論値の違いは MnAs のそれとくらべれば小さく，NiAs では電子間相互作用や電子格子相互作用が MnAs のそれらに比べて小さいことを意味している．状態密度の鋭いピークはフェルミレベルの低エネルギー側 2eV のところにあり，E_F 以下 6eV のエネルギー幅の領域に幅広いテールがのびているが，この様子は光電子放射の実験で観測されたものとよく対応している．

　図 4-3 は NiAs のフェルミ面の計算結果である．フェルミ面は A 軸の周りに 6 回対称をもつ 2 つの円筒様のホール面と，やや複雑な形をもつ電子面からで

(a) NiAs, hole surface
[0001]

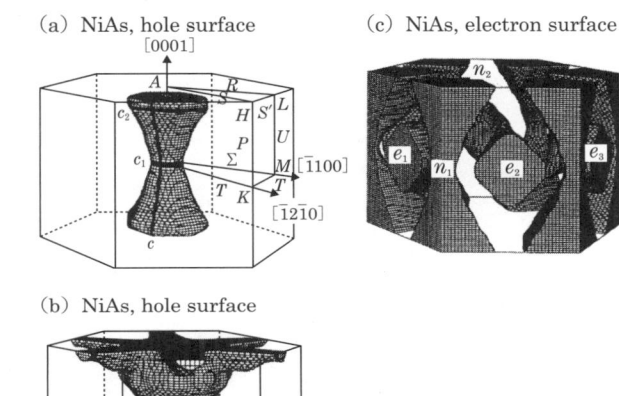

(c) NiAs, electron surface

(b) NiAs, hole surface

図 4-3　NiAs の非磁性状態のフェルミ面（文献 [4-1] より転載）

きている．これらのフェルミ面に基づいてド・ハース―ファン・アルフェン振動数の磁場方向依存性を計算した結果を図 4-4 に示す．図 4-5 に示した上村らの測定結果と計算結果を比較すると，e と ε，m と μ，d と δ がそれぞれよい対応を示している．測定結果に現れている α，β ブランチの起因は不明である．計算で求められている c_1 と n_1 ブランチは観測されていない．その理由として A 軸周りのホール面と KH 軸周りの電子面のネスティングによる構造相転移の可能性が考えられる．事実最近の X 線による精密測定により，NiAs は低温で構造相転移することが確かめられている [4-4]．このことから，NiAs 構造で得られた A 軸まわりのホール面の一部と KH 軸周りの電子面の一部が構造変化によって消失することが考えられる．

　NiSb のフェルミ面と計算で得られたド・ハース - ファン・アルフェン振動数の磁場方向依存性を図 4-6 と 4-7 に示す [4-2, 4-3]．図 4-8 に示された測定結果では，NiAs と同様に e と ε がよい対応を示している．また NiAs の場合と異なって図 4-8 の β，α と思われる c_1 ブランチ，n_1 ブランチが観測されている．

このことは，NiSb は低温まで NiAs 型構造をとり構造変化をおこさないという事実とよく対応している．

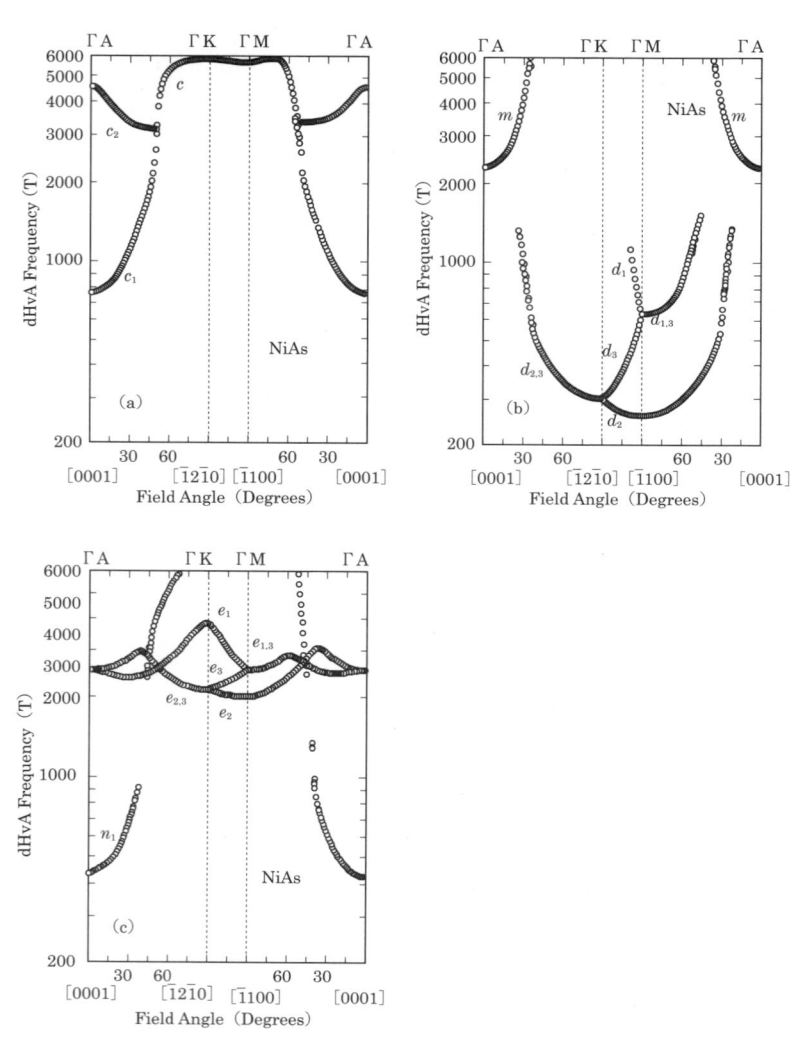

図 4-4　NiAs（非磁性）のド・ハース‐ファン・アルフェン振動の計算結果（文献 [4-1] より転載）

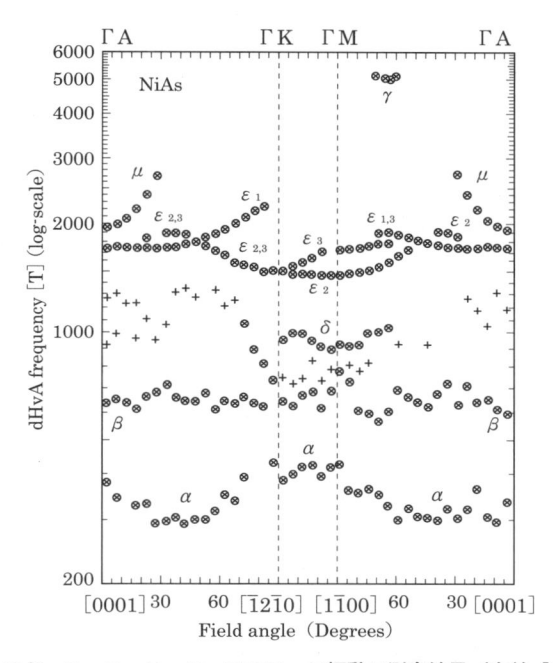

図 4-5 NiAs のド・ハース - ファン・アルフェン振動の測定結果（文献 [4-1] より転載）

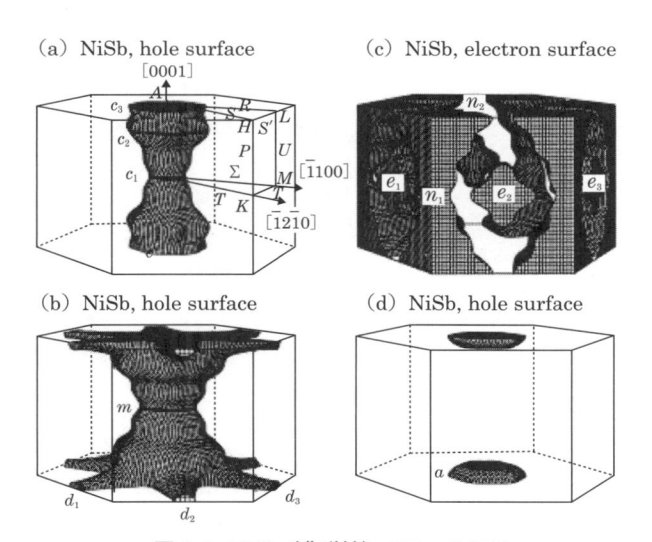

図 4-6 NiSb（非磁性）のフェルミ面

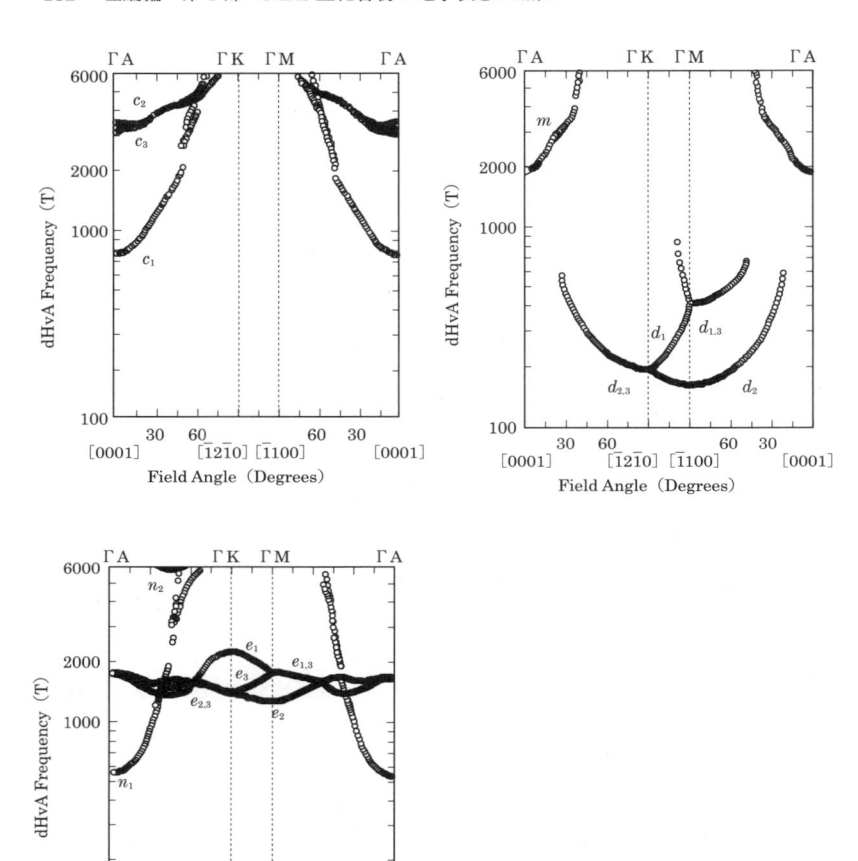

図 4-7 **NiSb** のド・ハース‐ファン・アルフェン振動の計算結果

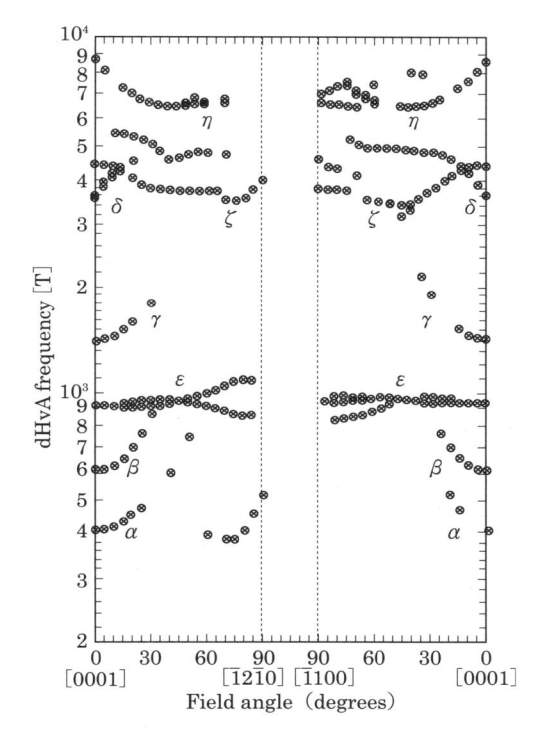

図 4-8　NiSb のド・ハース―ファン・アルフェン振動の測定結果

参考文献

[4-1] T. Nozue, H. Kobayashi and T. Kamimura, T. Kawakami, H. Harima, K. Motizuki, *J. Phys. Soc. Jpn.* **68** (1999) 2067.

[4-2] K. Motizuki, T. Kawakami, M. Oohigashi, H. Harima, T. Nozue, H. Kobayashi and T. Kamimura, *Physica* B **284-288** (2000) 1345.

[4-3] H. Kobayashi, M. Kageshima, N. Kimura, H. Aoki, M. Oohigashi, K. Motizuki and T. Kamimura, *J. Magn. Magn. Mat.* **272-276** (2004) e247.

[4-4] R. Vincent and R. L. Withers, *Philos. Mag. Lett.* **56** (1987) 57.

第5章
クロムカルコゲナイド CrTe, CrSe, CrS の圧力効果

　CrTe は 340K 以下で強磁性であるが，圧力をかけると T_c および磁気モーメントの減少が測定で見出されていて磁気相転移がおこるのではないかと推測されている．望月グループでは圧力効果を明らかにするために，非磁性，強磁性，反磁性（モーメントは c 面内で平行で面間で反平行）状態のバンド計算を体積を変化させておこなった．ただし，c/a は室温での測定値に固定している．初期には APW 法を，のちには FLAPW 法を用いた ［5-1, 5-2, 5-3］．ここでは FLAPW 法による計算結果を示す．

　バンド計算から得られた非磁性，強磁性，反強磁性状態の全エネルギーと格子定数 a の関係を図 5-1 に示す［5-1］．強磁性状態の全エネルギーは $a=3.970$ Å で最低値をとり，観測されている格子定数 $a=3.981$ Å とよい一値を示している．全エネルギーの曲線は a の関数として次式で再現される：

$$E_{Total} = E_0 + b_2(a-a_0)^2 + b_3(a-a_0)^3 + b_4(a-a_0)^4 \tag{5-1}$$

ただし $E_0=-31357.17$ (Ry/unit cell)，$a_0=3.970$，$b_2=0.471$，$b_3=-0.575$，$b_4=1.686$ である．一方，APW 法による計算結果では全エネルギーは $a=4.180$ Å で最低値をとる．一般に強磁性が安定となる格子定数の値はフルポテンシャルを用いることで改良される．図 5-1 から明らかなように $a=3.981$ Å では強磁性状態が最低エネルギーをもち，このことは CrTe が強磁性を示すこととよく対応している．$a=3.58$ Å で強磁性と反強磁性の曲線が交わり，$a=3.58$ Å 以下では反強磁性状態が最低エネルギーを持つ．すなわち，強磁性—反強磁性転移がおこりうることを示している．強磁性状態の全エネルギーから計

第5章 クロムカルコゲナイド CrTe, CrSe, CrS の圧力効果 135

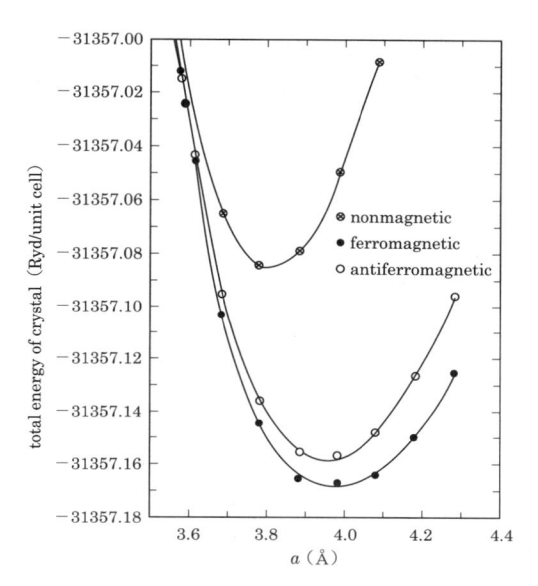

図5-1 **CrTe** の格子定数 *a* としてのバンド計算から求めた非磁性，強磁性，反強磁性状態の全エネルギー．

算した圧力と a の関係を図5-2に挿入図として示していて，圧力誘起相転移をおこす圧力は 40GP と推測される．APW 法による計算では 20GP である．図5-2は強磁性モーメントの a による変化を示す．モーメントはほとんど Cr から生じているが Te-サイトに逆向きに小さなモーメントが誘起されている．強磁性が最低エネルギーをもつ $a=3.970$Å でのモーメントの値は $3.1\mu_B$/formula で，測定値 $2.29\mu_B$/formula に近い．APW での計算値は $3.9\mu_B$/formula である．

電子圧力は $P=-dE_{Total}/dV$ で与えられる．単位胞の体積は $V=1.35a^3$ であるから $P=-0.247a^{-2}dE_{Total}/da$ である．また bulk modulus は $B=-dP/d\log V(V=V_{eq})$ で $B=404$kbar, 圧縮率（B の逆数）は 2.43×10^{-3}kbar^{-1} となり，APW 法で得られた値 2.6×10^{-3}kbar^{-1} よりわずかに小さい．全モーメントの圧力変化は $\partial M/\partial P=-1.33\times10^{-2}\mu_B$kbar$^{-1}(a=3.981$Å) でモーメントの減少の割合は $k=-\partial\ln M/\partial P=-4.21\times10^{-3}$kbar^{-1} で，測定値 -12×10^{-3}kbar^{-1} より小さいがオーダーはあっている．なお，CrTe の強磁性状態密度は図2-14に示されている．

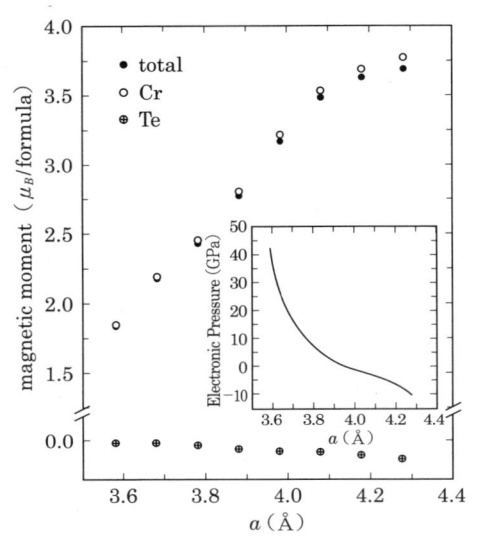

図 5-2 CrTe の強磁性モーメントと格子定数 a の関係．挿入図は強磁性状態の全エネルギーから求めた圧力と格子定数 a の関係を示す．

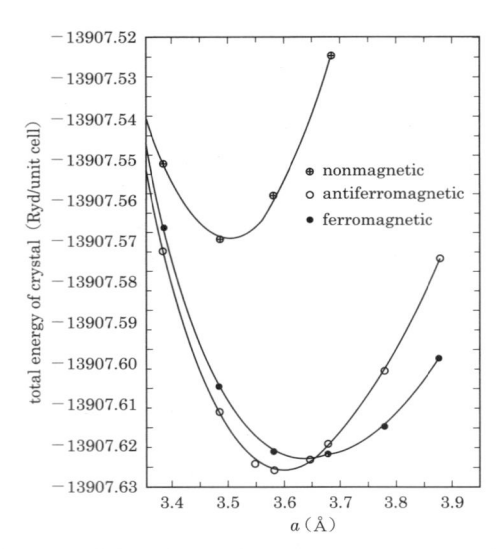

図 5-3 CrSe の格子定数 a の関数としてバンド計算から求めた非磁性，強磁性，反強磁性状態の全エネルギー．

CrSe, CrS についても同様な計算を行った．CrSe の E_{Total} の格子定数 a に対する変化を図 5-3 に示す．両物質とも圧力下では反強磁性が安定である．

参考文献

[5-1] T. Kawakami, N. Nakata and K. Motizuki, *J. Magn. Magn. Mat.* **196-197**（1999）629.

[5-2] M. Takagaki, T. Kawakami, N. Tanaka, M. Shirai and K. Motizuki, *J. Phys. Soc. Jpn.* **67**（1998）1014.

[5-3] H. Shoren, F. Ikemoto, K. Yoshida, N. Tanaka and K. Motizuki, *Physica* E **10**（2001）242.

第6章

非磁性状態の不安定性と磁気配列

　遍歴電子系で記述される物質でどのような磁性状態が実現するかを明らかにするためには，強磁性，反強磁性など色々な磁性状態での全エネルギーを求めて比較すればよい．しかし，単位胞に多くの磁性原子を含むような物質では様々な多くの磁性状態が考えられるため，それらすべてのバンドを計算して最低エネルギーをもつ状態をさがすことは大変な仕事である．さらに磁性体の中にはらせん磁性を示すものもあり，とりわけ incomensurate な波長で記述されるらせん構造をもつ場合には周期性をもたないのでバンド計算は難しい．

　そこで可能な磁性状態を探る一つの方法は，非磁性状態の不安定性の議論である．まず，非磁性状態のバンドを計算し，得られたバンドを用いてハバードハミルトニアンに基づいて非磁性状態の不安定性を調べる［6-1］．

　NiAs 型磁性体の中には FeAs, CrAs のように構造が MnP 型に歪んでいて磁気的には double helix（二重らせん）になるものがある．転移点 T_N は FeAs で 77K，CrAs では 250K である．具体例として FeAs をとりあげ不安定性の議論を以下に示す．MnP 型構造の単位胞には4つの Fe 原子（1, 2, 3, 4）と4つの As が含まれる．Fe 原子のみに注目し，1と3および2と4の周りの As の配列の違いを無視すれば単位胞は2個の Fe 原子を含むように小さくとることができる（図 6-1）．太い線で書かれた小さい単位胞に含まれる2個の Fe 原子を a（角のもの），b（単位胞の内にあるもの）で表わす．

　実験によると FeAs のヘリカル構造を記述する波数ベクトル Q は c 軸（MnP 構造での c 軸）に平行でその大きさは $Q=0.375\times 2\pi/c$ である．（実験編の表 2-6 を参照のこと．$Q=0.375\times 2\pi/c$ は波長にすると $2.67b$ である．ここでの格子ベクトル c が実験編での b に相当することに注意．）また a 原子のモーメント

第6章 非磁性状態の不安定性と磁気配列 *139*

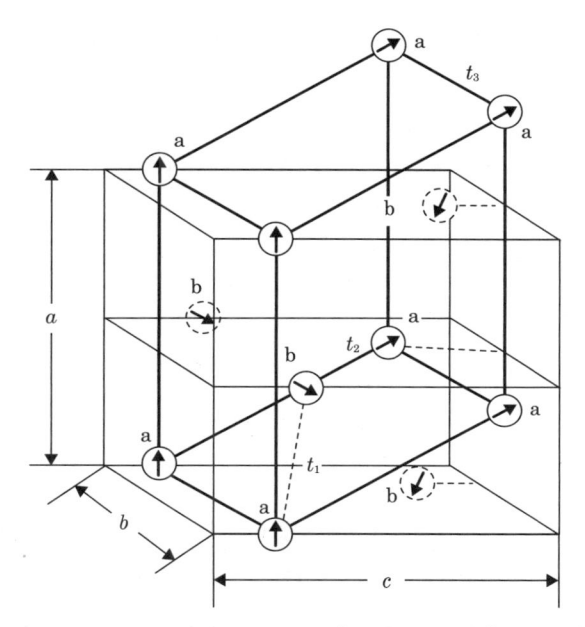

図 6-1 MnP 型 FeAs のヘリカルスピン配列．太い線は As を無視した場合の単位胞を表わす．t_1 と t_2 は異なるサイトの Fe 原子 a と b の間のトランスファー積分，t_3 は同種の Fe 原子 a と a または b と b の間のトランスファー積分を表す．

と b 原子のモーメントの位相差は $\phi=140°$ であり，Fe あたりのモーメントは $0.5\mu_B$ であることもわかっている [6-2]．簡単のため Fe 原子に単一の軌道を仮定する．近接する同種の原子間 (a-a or b-b) および異種の原子間 (a-b) のトランスファーと原子内クーロン相互作用からなるハバードハミルトニアンを出発点とする．クーロン相互作用に対してはハートリー-フォック近似を行う．フーリエ変換ののち，ハバードハミルトニアンは次の形に得られる：

$$H = \sum_{k\sigma} [T_1(\boldsymbol{k}) a_{k\sigma}^\dagger b_{k\sigma} + T_1^*(\boldsymbol{k}) b_{k\sigma}^\dagger a_{k\sigma} + T_3(\boldsymbol{k})(a_{k\sigma}^\dagger a_{k\sigma} + b_{k\sigma}^\dagger b_{k\sigma})]$$
$$+ U \sum_{kq} \sum_{\sigma} [A_{q-\sigma} a_{k+q\sigma}^\dagger a_{k\sigma} + B_{q-\sigma} b_{k+q\sigma}^\dagger b_{k\sigma}] - NU \sum_{q} [A_q + A_{q-} + B_q + B_{q-}]$$
$$- U \sum_{kq} [A_q^+ a_{k+q-}^\dagger a_{k+} + B_q^+ b_{k+q-}^\dagger b_{k+} + A_{-q}^- a_{k+}^\dagger a_{k+q-} + B_{-q}^+ b_{k+}^\dagger b_{k+q-}]$$

$$+NU\sum_{q}[|A_q^+|^2+|B_q^+|^2] \tag{6-1}$$

$$A_{q\sigma}=\frac{1}{N}\left\langle\sum_k a_{k\sigma}^\dagger a_{k+q\sigma}\right\rangle,\ B_{q\sigma}=\frac{1}{N}\left\langle\sum_k b_{k\sigma}^\dagger b_{k+q\sigma}\right\rangle$$
$$A_{\pm q}^\pm=\frac{1}{N}\left\langle\sum_k a_{k\pm}^\dagger a_{k\pm q\mp}\right\rangle,\ B_{\pm q}^\pm=\frac{1}{N}\left\langle\sum_k b_{k\pm}^\dagger b_{k\pm q\mp}\right\rangle \tag{6-2}$$

$$T_1(\boldsymbol{k})=t_1\sum_j e^{i\boldsymbol{k}\cdot(\boldsymbol{r}_i-\boldsymbol{r}_j-\boldsymbol{\tau})}+t_2\sum_j e^{i\boldsymbol{k}\cdot(\boldsymbol{r}_i-\boldsymbol{r}_j-\boldsymbol{\tau})}$$
$$T_3(\boldsymbol{k})=t_3\sum_j e^{i\boldsymbol{k}\cdot(\boldsymbol{r}_i-\boldsymbol{r}_j)} \tag{6-3}$$

(6-3) 式で r_i は i 番目の単位胞内の a 原子の位置ベクトル, $r_j+\tau$ は j 番目の単位胞内の b 原子の位置ベクトルを表わす.

0K における非磁性相についてベクトル q で記述される磁気オーダーに対する不安定性を調べる. 線形応答の理論に従えば, 次の関係式が得られる:

$$\begin{pmatrix}H^a(\boldsymbol{q})\\H^b(\boldsymbol{q})\end{pmatrix}=\begin{pmatrix}\overline{\chi}^{aa}(\boldsymbol{q}) & \overline{\chi}^{ab}(\boldsymbol{q})\\ \overline{\chi}^{ba}(\boldsymbol{q}) & \overline{\chi}^{bb}(\boldsymbol{q})\end{pmatrix}\begin{pmatrix}M^a(\boldsymbol{q})\\M^b(\boldsymbol{q})\end{pmatrix}\equiv\overline{\chi}(\boldsymbol{q})\begin{pmatrix}M^a(\boldsymbol{q})\\M^b(\boldsymbol{q})\end{pmatrix} \tag{6-4}$$

ここで $M^a(\boldsymbol{q})=\mu_B(A_{q-}-A_{q+})$, $M^b(\boldsymbol{q})=\mu_B(B_{q-}-B_{q+})$ は各サイトのスピン密度のフーリエ成分, $H^a(\boldsymbol{q})$, $H^b(\boldsymbol{q})$ は磁化 $M^a(\boldsymbol{q})$ と $M^b(\boldsymbol{q})$ に働く $\boldsymbol{q}$ に依存する磁場を表す. また, 逆帯磁率テンソルの成分 $\overline{\chi}^{aa}(\boldsymbol{q})$ などは以下のように計算される:

$$\overline{\chi}^{aa}(\boldsymbol{q})=\overline{\chi}^{bb}(\boldsymbol{q})=-\frac{1}{2\mu_B^2}\frac{\Gamma_1(\boldsymbol{q})+U[\Gamma_1(\boldsymbol{q})^2-|\Gamma_2(\boldsymbol{q})|^2]}{\Gamma_1(\boldsymbol{q})^2-|\Gamma_2(\boldsymbol{q})|^2} \tag{6-5a}$$

$$\overline{\chi}^{ab}(\boldsymbol{q})=\overline{\chi}^{ba}(\boldsymbol{q})=-\frac{1}{2\mu_B^2}\frac{\Gamma_2(\boldsymbol{q})^*}{\Gamma_1(\boldsymbol{q})^2-|\Gamma_2(\boldsymbol{q})|^2} \tag{6-5b}$$

ここで

$$\Gamma_1(\boldsymbol{q}) = \frac{1}{4N} \sum_k [\chi_0^{\alpha\alpha}(\boldsymbol{k},\boldsymbol{q}) + \chi_0^{\beta\beta}(\boldsymbol{k},\boldsymbol{q}) + \chi_0^{\alpha\beta}(\boldsymbol{k},\boldsymbol{q}) + \chi_0^{\beta\alpha}(\boldsymbol{k},\boldsymbol{q})] \quad (6\text{-}6a)$$

$$\Gamma_2(\boldsymbol{q}) = \frac{1}{4N} \sum_k \frac{T_1^*(\boldsymbol{k}+\boldsymbol{q})T_1(\boldsymbol{k})}{|T_1(\boldsymbol{k}+\boldsymbol{q})||T_1(\boldsymbol{k})|} [\chi_0^{\alpha\alpha}(\boldsymbol{k},\boldsymbol{q}) + \chi_0^{\beta\beta}(\boldsymbol{k},\boldsymbol{q}) - \chi_0^{\alpha\beta}(\boldsymbol{k},\boldsymbol{q})$$
$$- \chi_0^{\beta\alpha}(\boldsymbol{k},\boldsymbol{q})] \quad (6\text{-}6b)$$

α, β はバンドを区別する添え字で, $\chi_0^{\alpha\alpha}(\boldsymbol{k},\boldsymbol{q})$ などは bare electronic susceptibility を表わす. 非磁性相の不安定条件は

$$det[\overline{\chi}(\boldsymbol{q})] = \overline{\chi}^{aa}(\boldsymbol{q})^2 - |\overline{\chi}^{ab}(\boldsymbol{q})|^2 = 0 \quad (6\text{-}7)$$

で与えられる. この式に式 (6-5), (6-6) を代入してクーロン相互作用の係数 U の臨界値 U_c を波数 q の関数として求める. $U \geq U_c$ であれば非磁性相は不安定になる. $\boldsymbol{q}=\boldsymbol{Q}$ で U_c が最小値をとるならば, 波数 $\boldsymbol{Q}$ で記述される磁気相がもっとも実現されやすい. $H^a(\boldsymbol{q}) = H^b(\boldsymbol{q}) = 0$ のときは (6-4) 式から $\overline{\chi}^{aa}(\boldsymbol{q})M^a(\boldsymbol{q}) + \overline{\chi}^{ab}(\boldsymbol{q})M^b(\boldsymbol{q}) = 0$ となる. $\boldsymbol{q}=\boldsymbol{Q}$ では (6-7) 式から $|\overline{\chi}^{aa}(\boldsymbol{q})|$ は $|\overline{\chi}^{ab}(\boldsymbol{q})|$ に等しい. 故に $M^a(\boldsymbol{Q})$ の絶対値は $M^b(\boldsymbol{Q})$ の絶対値に等しい. このことから実空間では a, b 原子上の磁気モーメントはそれぞれ $M^a(\boldsymbol{r}) = M^a(\boldsymbol{Q})e^{-i\boldsymbol{Q}\cdot\boldsymbol{r}}$, $M^b(\boldsymbol{r}) = M^b(\boldsymbol{Q})e^{-i\boldsymbol{Q}\cdot\boldsymbol{r}}$ と表わせる. 同じ単位胞内の a 原子と b 原子の相対的な位相角 ϕ は次のように定義される:

$$\frac{M^b(\boldsymbol{r}_i+\boldsymbol{\tau})}{M^a(\boldsymbol{r}_i)} = \frac{M^b(\boldsymbol{Q})}{M^a(\boldsymbol{Q})} e^{-i\boldsymbol{Q}\cdot\boldsymbol{\tau}} \equiv e^{i\phi} \quad (6\text{-}8)$$

$\overline{\chi}^{aa}(\boldsymbol{Q})$ は実数で, $\overline{\chi}^{ab}(\boldsymbol{Q})$ の位相因子は $\Gamma_2(\boldsymbol{Q})^*$ から生じるので ϕ は次式で与えられる:

$$\phi = \pi + arg[\Gamma_2(\boldsymbol{Q})] + arg[e^{-i\boldsymbol{Q}\cdot\boldsymbol{\tau}}] \quad (6\text{-}9)$$

数値計算では $t_1 = -0.07$Ry, $t_2/|t_1| = -1.0$, $t_3/|t_1| = -0.2$, 電子数 $n=1.1$ を用いた. これらの値は APW バンド計算で得られた FeAs の MnP 型非磁性状態の状態密度とフェルミ面の形をできるだけ再現するように選んだ. 計算の結果, 図 6-2 に示すように, U_c は $Q = 0.4 \times 2\pi/c$ に対して最小となることを見出した. つまり, 非磁性状態はこの波数で記述されるような磁気オーダーに対し

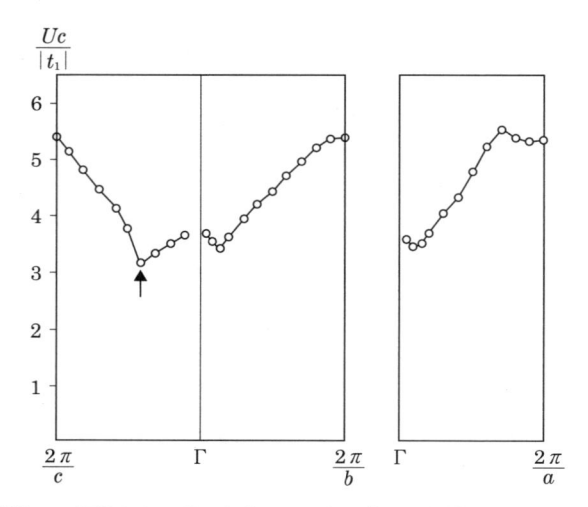

図 6-2 波数 q の関数として求めたクーロン相互作用の係数 U の臨界値 U_c. 矢印で示すように，$Q = 0.4\times 2\pi/c$ で U_c が最小となる.

て最も不安定である．この Q の値は観測されたヘリカル構造の波数 $Q=0.375\times 2\pi/c$ とかなりよく一致している．さらに，図6-3に示すように位相角 ϕ を Q の関数として計算し，$Q=0.4\times 2\pi/c$ に対して $\phi=158°$ を得た．この値も観測値 $\phi=140°$ に近い．

次に波数 Q をもつ二重らせんスピン密度波（DHSDW）の全電子エネルギーを求める．

(6-1) 式で $q=Q$ の項だけ残すとハミルトニアンは

$$H=\sum_{k} \Psi^{\dagger}(k,Q)H(\hat{k},Q)\Psi(k,Q)+\frac{NUn^2}{2}+NU(|A_Q^+|^2+|B_Q^+|^2) \quad (6\text{-}10)$$

と書き表すことができる．この式で

$$H(\hat{k},Q)=\begin{pmatrix} T_3(k) & T_1(k) & -UA_{-Q}^- & 0 \\ T_1^*(k) & T_3(k) & 0 & -UB_{-Q}^- \\ -UA_Q^+ & 0 & T_3(k+Q) & T_1(k+Q) \\ 0 & -UB_Q^+ & T_1^*(k+Q) & T_3(k+Q) \end{pmatrix} \quad (6\text{-}11)$$

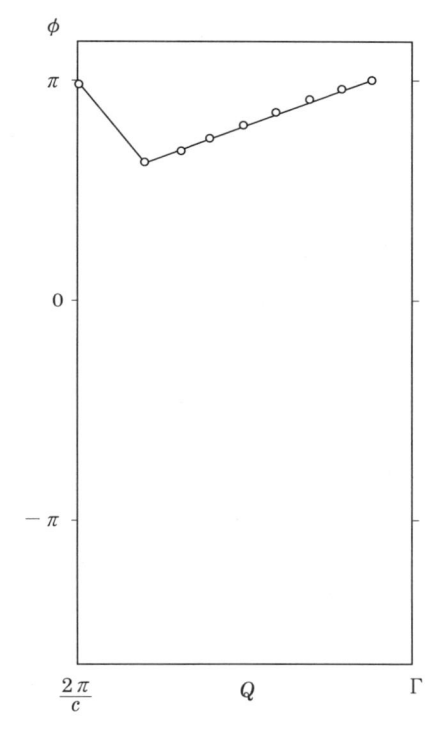

図 6-3 波数 q の関数として計算した，スピン間の位相差 ϕ． $Q=0.4\times 2\pi/c$ に対しては $\phi=158°$ となり，実験値 $140°$ に近い値が得られる．

$$\Psi^\dagger(\boldsymbol{k}, \boldsymbol{Q}) = [a^\dagger_{\boldsymbol{k}+}, b^\dagger_{\boldsymbol{k}+}, a^\dagger_{\boldsymbol{k}+\boldsymbol{Q}-}, b^\dagger_{\boldsymbol{k}+\boldsymbol{Q}-}] \qquad (6\text{-}12)$$

である．ハミルトニアンを対角化することにより DHSDW 状態のエネルギー固有値を求めれば，全電子エネルギーは

$$E_{\mathrm{SDW}} = \sum_{\boldsymbol{k}}\sum_{\mu=1}^{4} E_{\boldsymbol{k}\mu} f(E_{\boldsymbol{k}\mu}) + \frac{NUn^2}{2} + NU(|A^+_{\boldsymbol{Q}}|^2 + |B^+_{\boldsymbol{Q}}|^2) \qquad (6\text{-}13)$$

で与えられる．$f(E_{\boldsymbol{k}\mu})$ はフェルミ分布関数，$A^+_{\boldsymbol{Q}}$, $B^+_{\boldsymbol{Q}}$ は a，b 原子のスピン密度のフーリエ成分を表す．同じ単位胞内の a 原子と b 原子の磁気モーメント間の位相角 ϕ は

$$\frac{B_Q^+}{A_Q^+} e^{-i\mathbf{Q}\cdot\tau} = e^{i\phi} \tag{6-14}$$

で与えられる．A_Q^+, B_Q^+ を自己無撞着にとき，0K における E_{SDW} を $\mathbf{Q}$ と U の関数として計算した．

図 6-4 に波数の関数として計算した E_{SDW} を示す．E_{SDW} は $Q=0.4\times(2\pi/c)$ で最低となり，この結果は非磁性状態の不安定性から得られたものと対応している．

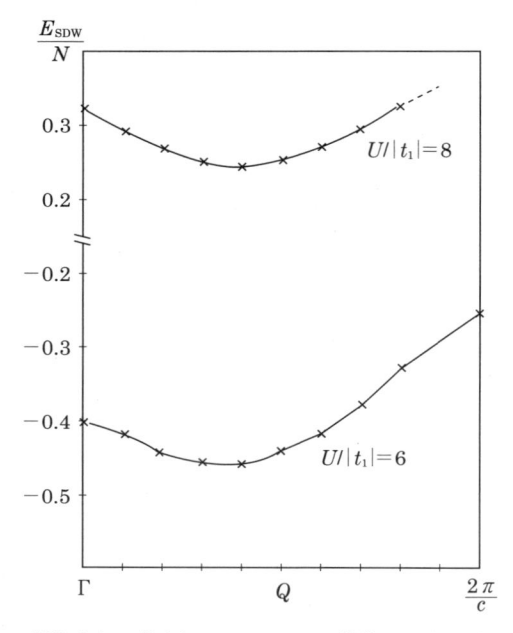

図 6-4 波数 q の関数として求めたヘリカル SDW 状態のエネルギー．非磁性状態の不安定性から得られた U_c に対応して，$Q=0.4\times 2\pi/c$ で SDW 状態のエネルギーは最小値を取る．

また，E_{SDW} と E_{para}（0K におけるパラ状態のエネルギー）の差を図 6-5 に示す．$\mathbf{Q}$ を変化させたときの E_{SDW} は矢印で示した U の値に対して E_{para} と等しくなる．この U が（6-7）式で得られた U_c に相当する．やはり U_c は $Q=0.4\times (2\pi/c)$ に対して最小となり，非磁性状態の不安定性から得られたものと矛盾

しない．またスピン間の位相差は（6-14）式から $\phi=153°$ と求められる．$Q=0.4\times(2\pi/c)$ に対して U の関数として求めた $|A_Q^+|$ を図6-2に示す．原子あたりの磁気モーメントは $2|A_Q^+|$ で与えられる．測定で得られた Fe あたりのモーメントの大きさ $0.5\mu_B/$Fe を得るためには $U/|t_1|=4.8$ であればよい．これよりクーロン相互作用の大きさは $t_1=-0.07$Ry を用いて $U\simeq 4.6$eV と見積られる．

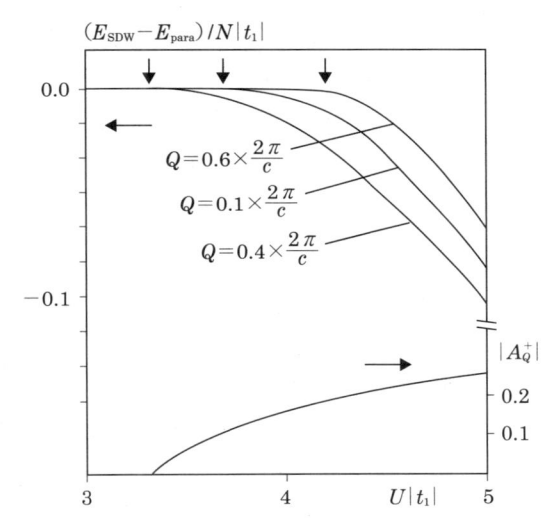

図6-5 U の関数として求めたヘリカル SDW 状態とパラ状態のエネルギー差 Q を変化させたときの矢印の U に対して E_{SDW} は E_{para} と等しくなる．$Q=0.4\times 2\pi/c$ に対して U の関数として求めた $|A_Q^+|$ を図の下の部分に示す．

参考文献

[6-1] M. Morifuji and K. Motizuki, *J. Magn. Magn. Mat.* **90-91** (1990) 740.；森藤正人博士論文．

[6-2] K. Selte, A. Kjekshus and A. F. Andresen, *Acta Chem. Scand.* **26** (1972) 3101.

第7章

NiAs型からMnP型への構造相転移

　NiAs型化合物の特色のひとつはNiAs型からMnP型への構造変化で，構造相転移と磁性の絡み合いも興味ある問題である．カルコゲナイドの中ではVSが$T_t=850$K以下でMnP型に歪む．TiとSeの化合物では$Ti_{0.95}Se$は室温でNiAs型構造をとるが，$Ti_{1.05}Se$は室温でMnP型構造をとると報告されている．またTiとVの混晶系$Ti_xV_{1-x}S$では室温における結晶構造は$x>0.66$に対してNiAs型，$x<0.66$に対してはMnP型である．プニクタイドではMnAs，CrAs，CoAsがそれぞれ$T_t=398$K，1100K，1250KでNiAs型からMnP型に転移する．MnAsは$T_t=318$Kで強磁性になると同時に構造はNiAs型に戻る．NiAsは低温での広い温度領域でNiAs型構造をとりMnP型には転移しない．しかし第4章で述べた最近のド・ハース–ファン・アルフェン振動の測定とフェルミ面の対応から極低温で構造変化が起こっていると考えられている．
　種々の混晶系，$Cr_{1-x}Mn_xAs$（すべてのx），$Cr_{1-x}Co_xAs$（すべてのx），$Fe_{1-x}Co_xAs$（$0.8≦x≦1.0$），$Mn_{1-x}Ni_xAs$（$0≦x≦0.58$），$Mn_{1-x}Co_xAs$（$0≦x≦0.2$，$0.5≦x≦1.0$），$MnAs_{1-x}P_x$（$0≦x≦0.28$）でNiAs型からMnP型への相転移が見出されている．現在調べられているSbとの化合物はすべてMnP型への構造変化を示していない．われわれは構造相転移がMnAs，CrAs，CoAs，VSでは起こるのにMnSb，CrSb，NiAs，TiSeでは起こらないのはなぜかという点に注目し，その原因の解明を行なった．この仕事はバンド構造に基づいてNiAs型構造の不安定性を論じたもので，電子帯構造に基づいた，パラメータを含まない第一原理からの微視的理論である．

7-1 電子格子相互作用係数

特定のフォノン基準座標 $Q_{q\lambda}$ (q は波数ベクトル，λ はモードを指定）によって記述される格子変形が生じたときの電子系の自由エネルギーの変化 ΔF は次の形で表される：

$$\Delta F = -\frac{1}{2}\chi(q\lambda)|Q_{q\lambda}|^2 \qquad (7\text{-}1)$$

$\chi(q\lambda)$ は一般化感受率で

$$\chi(q\lambda) = -\frac{1}{N}\sum_{\nu\nu'}\sum_{\alpha\beta}\frac{1}{\sqrt{M_\nu M_{\nu'}}}\varepsilon^\alpha(q\lambda,\nu)\varepsilon^{\beta*}(q\lambda,\nu')\chi^{\alpha\beta}(\nu\nu',q) \qquad (7\text{-}2)$$

$$\chi^{\alpha\beta}(\nu\nu',q) = 2\sum_{nn'}\sum_k I^{\nu\alpha}_{nk,n'k+q} I^{\nu'\beta}_{nk,n'k+q} \frac{f(E^0_{nk}) - f(E^0_{n'k+q})}{E^0_{nk} - E^0_{n'k+q}} \qquad (7\text{-}3)$$

で与えられる．M_ν は ν 原子の質量，$\varepsilon(q\lambda,\nu)$ はフォノンの分極ベクトル，E^0_{nk} は変形の起こっていないもとの格子に対するバンドエネルギー，$f(E^0_{nk})$ はフェルミの分布関数である．単位胞内の ν 原子が α の方向に変位することによって原子に働く結晶のポテンシャルが変化（ΔV）するため，もとの格子で求めた電子の固有状態 (nk) と $(n'k+q)$ の間に混じりが生じる．(7-3) 式の $I^{\nu\alpha}_{nk,n'k+q}$ は ΔV による Ψ_{nk} と $\Psi_{n'k+q}$ の間に生じる結合の強さを表わし，

$$I^{\nu\alpha}_{nk,n'k+q} = \langle \Psi_{nk}|\Delta V|\Psi_{n'k+q}\rangle \qquad (7\text{-}4)$$

で与えられる．これを電子格子相互作用係数とよぶ．APW 法に基づく扱いにおける電子格子相互作用係数の具体的な表式は文献 [7-1] に示されている．

7-2 NiAs 型から MnP 型への変化の起こりやすさ

MnP 型構造は NiAs 型格子の逆格子における M 点のフォノンモード M_4^- の凍結によるものと考えられる．M_4^- モードの基準座標は

$$c_1(z_1+z_2)+c_2(x_1-x_2)+c_3(z_3-z_4) \tag{7-5}$$

で与えられていて，添字 1, 2 は単位胞内の金属原子を 3, 4 は非金属原子を表わす．z は c 軸方向の変位を表わし，x, y は c 面内の変位を表わす（図 7-1 参照）．(7-5)式から明らかなように，金属原子は c 面内および c 軸方向に変位し，非金属原子は c 軸方向に変位している．

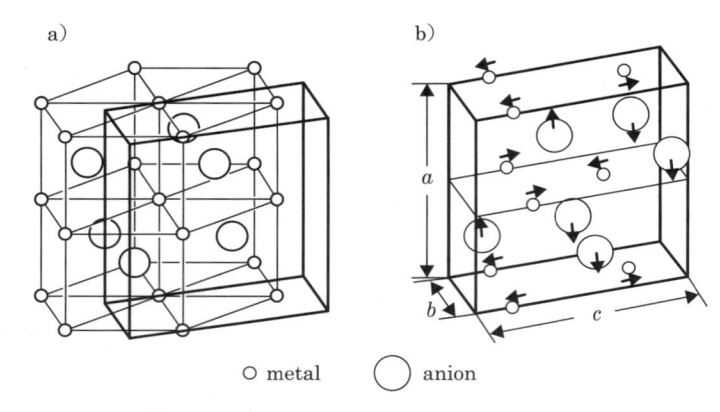

図 7-1 a) NiAs 型構造．太い線は MnP 型構造の単位胞を表す．b) MnP 型結晶構造．矢印は各原子の NiAs 型から MnP 型構造への変位の方向を表す．（変位の大きさは誇張されて図示されている．）実験編でも注意されているように，斜方晶の格子定数の取り方にはいくつかの種類がある．この図の MnP 型構造の a, b, c は実験編 1 章の図 1-4 での A, B, C に相当している．

電子格子相互作用の行列要素 $I_{nk,n'k+q}^{\nu\alpha}$ を $q=\Gamma M$ に対して k の関数として計算する．まず k として Σ-line（ΓM）に沿って動かす場合には $k+q$ も Σ-line 上にくる．Σ-line に対しては 4 つの既約表現 Σ_1, Σ_2, Σ_3, Σ_4 があり，これらの積表現の中で M_4^- と適合関係にあるものは $\Sigma_1 \times \Sigma_4$, $\Sigma_2 \times \Sigma_3$ である．したがって行列要素 I は Σ_1 のバンドと Σ_4 のバンドの間および Σ_2 のバンドと Σ_3 のバンドの間のものだけが残り，あとは消える．さらに (7-3) 式から明らかなように電子格子相互作用によって結合する (nk) 状態と $(n'k')$ 状態の一方がフェルミレベルの下に，他方がフェルミレベルの上にあるときだけ電子系の自由エネルギーを下げることに寄与し，かつそれらの状態のエネルギー差が小さ

いほど自由エネルギーを大きく下げる．

a) MnAs, MnSb, CrAs, CrSb

これらの物質の APW 法で求めたエネルギーバンドのフェルミレベル近傍の様子を Σ-line に沿って示したものが図 7-2 である．これからわかるように，Σ_1- バンドと Σ_4- バンドがフェルミレベル近傍に存在するので $I^{\nu\alpha}_{nk,n'k+q}$ を求めるについては，図中に太線で示した Σ_1- バンドの k と Σ_4- バンドの $k+q$ の間の行列要素だけを計算した．Σ-line 上の k の関数として求めた結果を図 7-3 に示す．●印は金属原子の x 方向の変位に対して計算した結果を表し，×印と○印はそれぞれ金属原子の z 方向の変位と非金属原子の z 方向の変位に対して計算した結果を表す．k の領域で斜線をつけた部分が自由エネルギーを下げるのに寄与する部分である．さらに図 7-4 には $|I^{\nu\alpha}_{\Sigma,k,\Sigma,k+q}|^2/|E_{\Sigma,k}-E_{\Sigma,k+q}|$ を示す．ある格子変形に対して斜線をつけた k の領域で，この量が大きな値をもつとき，電子系の自由エネルギーの格子変形による下がりが大きいのでその変形を起こしやすいといえる．図 7-4 の結果は $q=\Gamma M$ で記述される MnP 型の変形が MnAs と CrAs では起こり易く，MnSb と CrSb では起こりにくいことを示している．また，この図から金属原子の x 方向の変位に対する電子系のエネ

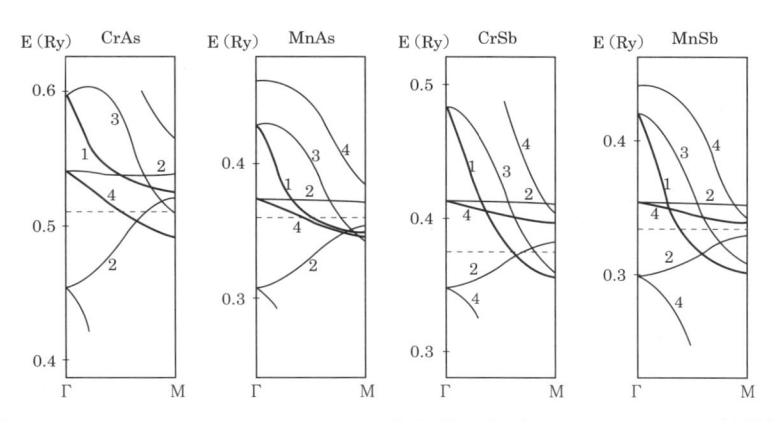

図 7-2　MnAs, MnSb, CrAs, CrSb のエネルギーバンドのフェルミレベル（点線）近傍の様子．1, 2, 3, 4 は規約表現 $\Sigma_1, \Sigma_2, \Sigma_3, \Sigma_4$ を表わす（文献 [7-1] より転載）．

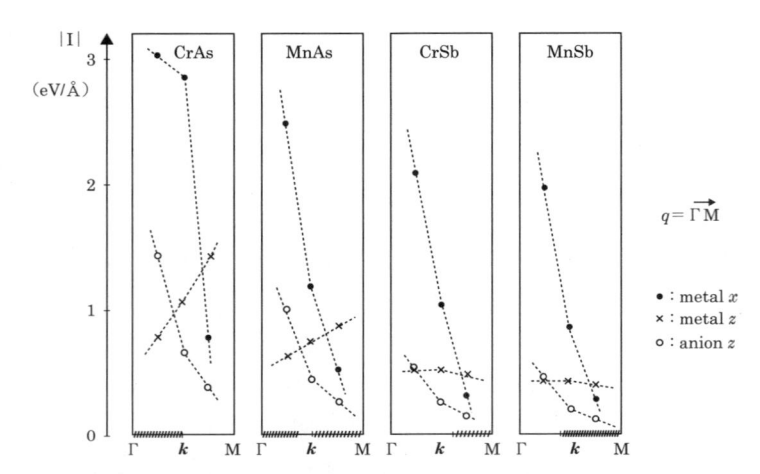

図 7-3 MnAs, MnSb, CrAs, CrSb の電子格子相互作用係数 $|I^{\nu\alpha}_{\Sigma,k,\Sigma,k+q}|$ の k 依存性．波数ベクトル q は ΓM に固定されている．金属原子の x-方向の変位，金属原子の z-方向の変位，陰イオンの z-方向の変位に対する計算結果が，それぞれ●，×，○で示されている．横軸の斜線をつけた部分は自由エネルギーを下げるのに寄与する部分である（文献 [7-1] より転載）．

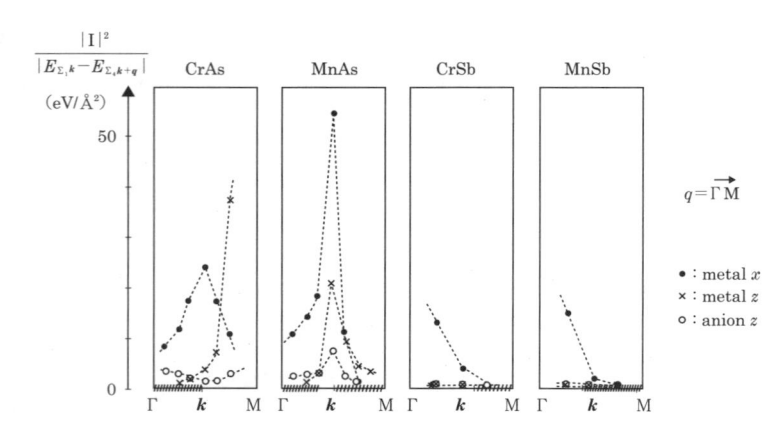

図 7-4 $|I^{\nu\alpha}_{\Sigma,k,\Sigma,k+q}|^2/|E_{\Sigma,k}-E_{\Sigma,k+q}|$ $(q=\Gamma M)$ の k 依存性．記号の意味は図 7-3 と同じである（文献 [7-1] より転載）．

ギーの下がりが他の 2 つの場合のそれに比較して大きいこともわかる．事実，MnAs の MnP 型相では Mn 原子の x 方向の変位が最も大きい．以上のような考察から，NiAs 型から MnP 型への変形の起こり易さを決める重要な要因は，電子格子相互作用係数の波数依存性とフェルミレベル近傍のバンドの振舞いであることが明らかになった．

b) CoAs, NiAs

CoAs, NiAs の APW 法で求めたエネルギーバンドのフェルミレベル近傍の振動を $k_z=0$ 面，$k_z=1/3\Gamma$A 面，$k_z=2/3\Gamma$A 面上の $\boldsymbol{k}$ 点について詳しく調べた．例として図 7-5 に $k_z=0$ 面上の Σ-line（ΓM）にそったフェルミレベル近傍の分散曲線を示す．M_4^- と適合関係にある Σ_1-バンドと Σ_4-バンド（または Σ_2-バンドと Σ_3-バンド）の片方がフェルミレベルの上，他方がフェルミレベルの下にあるときだけ電子格子相互作用によって電子系のエネルギーを下げることに寄与する．エネルギーを下げることに関与する $\boldsymbol{k}$ の領域が図 7-5 に斜線で示してある．この領域の $\boldsymbol{k}$ に対して $|I_{\Sigma,\boldsymbol{k},\Sigma,\boldsymbol{k}+\boldsymbol{q}}^{\nu\alpha}|^2/|E_{\Sigma,\boldsymbol{k}}-E_{\Sigma,\boldsymbol{k}+\boldsymbol{q}}|$ を計算した結果から，CoAs では MnP 型に歪むことによる電子系のエネルギーの下がりが大きく，NiAs では小さいことを見出した．このことは CoAs は MnP 型に歪みやすく，NiAs は歪みにくいことを示唆している．計算された電子格子相互作用係数と $|I_{\Sigma,\boldsymbol{k},\Sigma,\boldsymbol{k}+\boldsymbol{q}}^{\nu\alpha}|^2/|E_{\Sigma,\boldsymbol{k}}-E_{\Sigma,\boldsymbol{k}+\boldsymbol{q}}|$ は文献 [7-2] に示されている．

c) VS, TiSe

VS, TiSe について a), b) の場合と同様な考察を行なった．これらの物質ではフェルミレベル近傍の Σ-line に沿ったエネルギーバンドの振舞いから考えて Σ_3-バンドの $\boldsymbol{k}$ 状態と Σ_2-バンドの $\boldsymbol{k}+\boldsymbol{q}$ 状態の間の結合が重要であるといえる．電子格子相互作用係数の計算結果は VS では MnP 型に歪みやすいが TiSe では歪みにくいことを示している．

以上のように，種々の NiAs 型化合物の特徴ある MnP 型構造への変形の問題は，遍歴電子の立場から矛盾なく理解できるものであることが明らかになった．

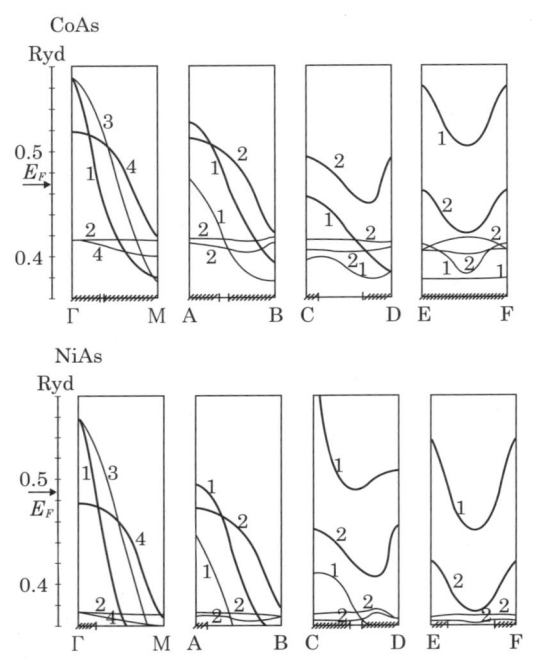

図 7-5　a) CoAs の $k_z=0$ 面上の Σ-line（ΓM）にそった方向のフェルミレベル近傍の分散曲線．b) NiAs の $k_z=0$ 面上の Σ-line（ΓM）にそった方向のフェルミレベル近傍の分散曲線（文献 [7-2] より転載）．

参考文献

[7-1]　K. Katoh and K. Motizuki, *J. Phys. Soc. Jpn.* **56** (1987) 655；望月和子，加藤敬子「NiAs 型化合物における電子構造と磁性および構造相転移」固体物理 vol.21(9)（1986）627．

[7-2]　M. Morifuji and K. Motizuki, *J. Phys. Soc. Jpn.* **57** (1988) 3411．

第 2 部

Cu$_2$Sb 型化合物の電子帯構造と遍歴磁性理論

第1章

結晶構造と磁気特性

　Cr，Mn，FeとAsまたはSbからなる種々のCu$_2$Sb型化合物の結晶構造は正方晶で，単位胞内に4個の磁性原子（1，2，3，4）と2個のAsまたはSb（5，6）を含む．磁性原子は対称性の異なる2つのサイトM(I)とM(II)を占める．図1-1に結晶構造と逆格子を示す．これらの化合物は強磁性，フェリ磁性，反強磁性と多彩な磁気配列を示し，多くの興味がもたれている[1-1]．単位胞に複数の磁性原子を含む物質の磁気配列は，単位胞から単位胞に移るときの同種の磁性原子のモーメントの向きの回転角を表す波数ベクトルQと単位胞内の磁性原子の磁気モーメントの相対的向きの変化を表わす相対角ϕ_{ij}によって記述できる．表1-1に結晶パラメータを，表1-2に磁気構造（Qとϕ_{ij}）および磁気モーメントの測定値を示す．Mn$_2$AsとCr$_2$AsまたはFe$_2$Asの混晶であるCrMnAsとFeMnAsではCrとFeは主としてM(I)サイトを占め，Mn

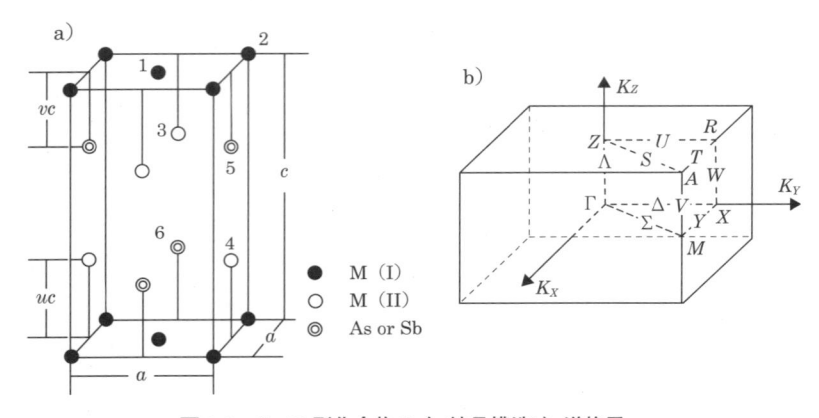

図1-1　Cu$_2$Sb型化合物のa) 結晶構造b) 逆格子

表 1-1　Cu$_2$Sb 型化合物の結晶パラメータ．

	Lattice parameters			
	a(Å)	c(Å)	u_c	v_c
Cr$_2$As	3.60	6.34	0.325	0.275
CrMnAs	3.88	6.28	0.327	0.266
Mn$_2$As	3.78	6.25	0.33	0.265
MnFeAs	3.735	6.035	0.33	0.25
Fe$_2$As	3.627	5.973	0.33	0.265
Mn$_2$Sb	4.078	6.557	0.295	0.280
Cu$_2$Sb	3.99	6.09	0.27	0.30
MnAlGe	3.914	5.933	0.273	0.280
MnGaGe	3.963	5.895	0.29	0.29

表 1-2　Cu$_2$Sb 型化合物の磁気構造．

		Magnetic structure				Magnetic moments (μ_B/atom)	
		Q	ϕ_{12}	ϕ_{23}	ϕ_{34}	M(I)	M(II)
Cr$_2$As	AF	(0, 0, π/c)	π	π	0	0.40	1.34
CrMnAs	AF	(0, 0, 0)	π	π	π	0.41	3.14
Mn$_2$As	AF	(0, 0, π/c)	0	π	π	2.2	4.1
MnFeAs	AF	(0, 0, π/c)	0	0	π	0.2	3.6
Fe$_2$As	AF	(0, 0, π/c)	0	0	π	1.28	2.05
Mn$_2$Sb	FI	(0, 0, 0)	0	π	0	2.13	3.87
Cu$_2$Sb	P	—	—	—	—	—	—
MnAlGe	F	(0, 0, 0)	0	0	0	1.70	—
MnGaGe	F	(0, 0, 0)	0	0	0	1.66	—

は主としてM(II)サイトを占める．またMnAlGeとMnGaGeは共にCu$_2$Sb型構造をもち，MnはM(I)サイトを，AlとGaはM(II)サイトを占める．両物質はそれぞれ503K，453K以下で強磁性になるが，磁気モーメントを担うMnの原子面がAlまたはGaの原子面で隔てられているので2次元性の強い強磁性体として興味深い．

参考文献

[1-1]　K. Adachi and S. Ogawa, Landolt-Börnstein New Series III/**27a**, ed. H. P. J. Wijn (Springer, Berlin, 1988) p. 265.

第2章

バンド計算

　Cu_2Sb 型化合物の多彩な磁性を遍歴電子の立場で統一的に理解する目的で，望月グループでは1990年代の初期からすべての Cu_2Sb 型化合物の非磁性相，磁性相のバンド計算をおこなってきた［2-1］．計算の手法には self-consistent APW 法と LAPW 法［2-2］を用いているが，両手法で得られたこれらの物質の非磁性状態の状態密度はかなりよく一致している．ポテンシャルにはマフィンティン近似を用い，交換相関相互作用には局所密度汎関数近似を用いている．実際の定式化には Gunnarsson-Lundqvist（GL）の式を用いている［2-3］．相対論効果は scalar relativistic の範囲でとり入れ，スピン軌道相互作用は省略している．のちに Kulatov らはスピン軌道相互作用をとり入れた APW バンド計算を行い，その結果を用いて光伝導率を求めている［2-4］．

参考文献

［2-1］ M. Shirai and K. Motizuki, *Recent Advances in Magnetism of Transition Metal Compounds*, ed. A. Kotani and N. Suzuki (World Scientific, 1993) p. 67.

［2-2］ T. Takeda and J. Kübler, *J. Phys. F: Metal Phys.* **9** (1979) 661.

［2-3］ O. Gunnarsson and B. I. Lundqvist, *Phys. Rev.* B **13** (1976) 4274.

［2-4］ E. Kulatov, L. Vinokurova and K. Motizuki, *Recent Advances in Magnetism of Transition Metal Compounds*, ed. A. Kotani and N. Suzuki (World Scientific, 1993) p. 56.

第3章

バンド構造

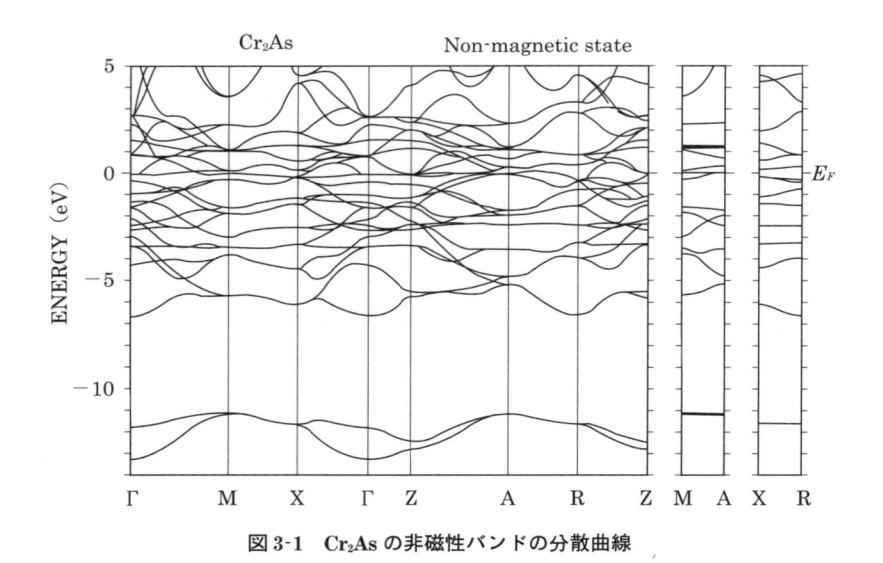

1) 非磁性状態：Cr$_2$As, Mn$_2$As, Fe$_2$As, Mn$_2$Sb, CrMnAs, FeMnAs

これらの物質の非磁性状態での分散曲線と状態密度を求めた [3-1]. 例として Cr$_2$As の分散曲線を図 3-1 に示す. 最低エネルギーの 2 つのバンドは As の 4s 軌道からできている. これらのバンドの高エネルギー側にギャップをへだてて Cr の 3d 軌道と As の 4p 軌道からなる混成バンドがあり, バンド幅は 3 〜 4eV と比較的広く, このことは磁性を担う d 電子を遍歴電子として扱うことが必要であることを示している. 図 3-2 に (Cr, Mn, Fe)$_2$As と Mn$_2$Sb の全状態密度と部分状態密度を示す. 図 3-2 の p-d 混成バンドは低エネルギー側か

図 3-1 Cr$_2$As の非磁性バンドの分散曲線

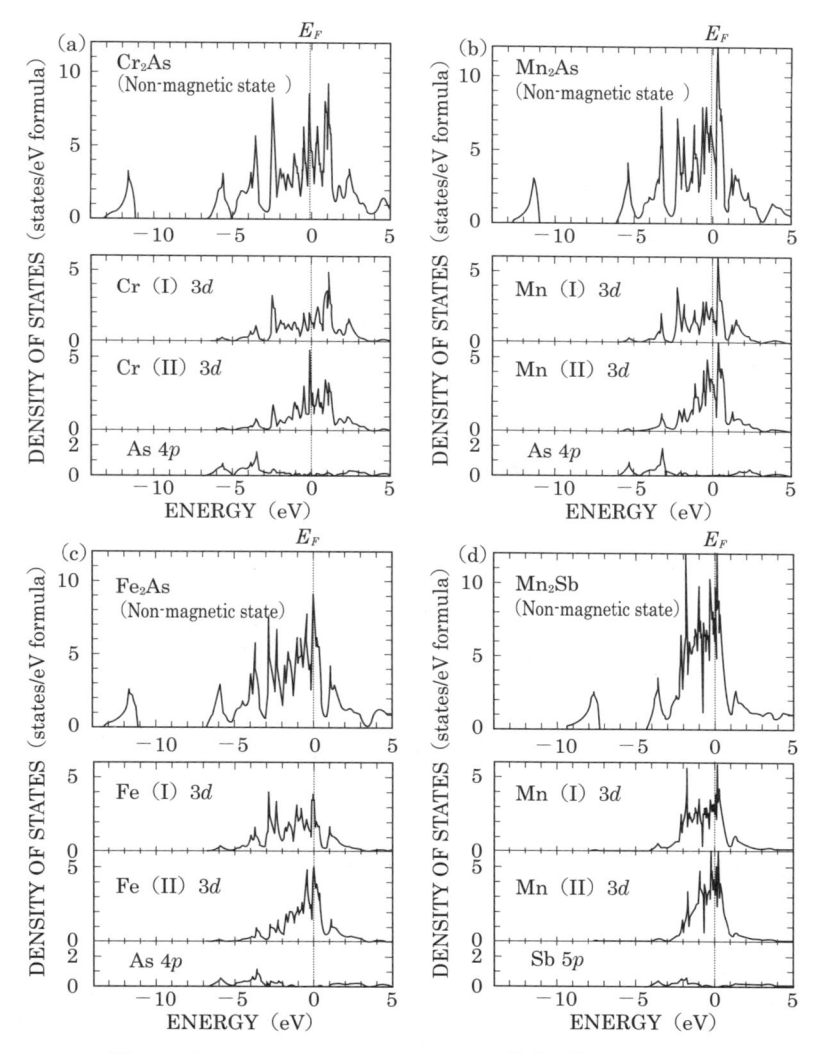

図 3-2　Cr_2As, Mn_2As, Fe_2As, Mn_2Sb の非磁性状態の状態密度

ら(1), (2), (3)の 3 つの部分からできているといえる．これらは，ボンド-オーダーを計算することにより(1), (3)はそれぞれ結合バンド，反結合バンドで，(2)はほとんど d 軌道からなる非結合バンドであることを明らかにした．非結合バ

ンドでは M(I) の d 軌道と M(II) の d 軌道が強く混成している．図 3-2 の部分状態密度に見られるように，M(II) の d 軌道からなるバンドの幅は M(I) の d 軌道からなるバンド幅に比べて狭く，このことは M(II) の d 電子の遍歴性は M(I) の d 電子の遍歴性に比べて弱いことを示している．したがってこれらの物質の磁気相では M(II) の磁気モーメントが M(I) の磁気モーメントに比べて大きいことが期待される．事実，このことは磁気相での計算で得られていて，測定結果と矛盾しない（表 3-1 参照）．フェルミレベルは非結合バンドをよこぎっていて，Mn_2Sb では状態密度のピーク位置に，他の物質では状態密度のおちこんだところにあり，$\rho(E_F)$ の値は Mn_2Sb のそれに比べて小さい．このことは Mn_2Sb がフェリで他の物質が反強磁性であることと矛盾しない．

表 3-1 バンド計算で得られた Cu_2Sb 型化合物の磁気モーメント．括弧内の値は測定値．

	\multicolumn{6}{c}{Magnetic moments (μ_B)}			
	total		M(I)		M(II)		anion
Cr_2As	—		0.34	(0.40)	1.37	(1.34)	0.03
Mn_2As	—		1.72	(2.2)	3.50	(4.1)	0.04
Fe_2As	—		1.01	(1.28)	2.11	(2.05)	0.03
Mn_2Sb	1.76	(1.74)	−2.11	(−2.13)	3.67	(3.87)	0.01
MnAlGe	1.81	(1.70)	1.90		−0.02		−0.06
MnGaGe	2.22	(1.66)	2.31		−0.02		−0.07

上記の物質との比較のために磁気オーダーを示さない Cu_2Sb の非磁性バンドを計算した [3-2]．状態密度を図 3-3 に示す．I サイトと II サイトの d 軌道の混成は上記の物質に比べて弱い．またフェルミレベルでの状態密度の値は非常に小さい．

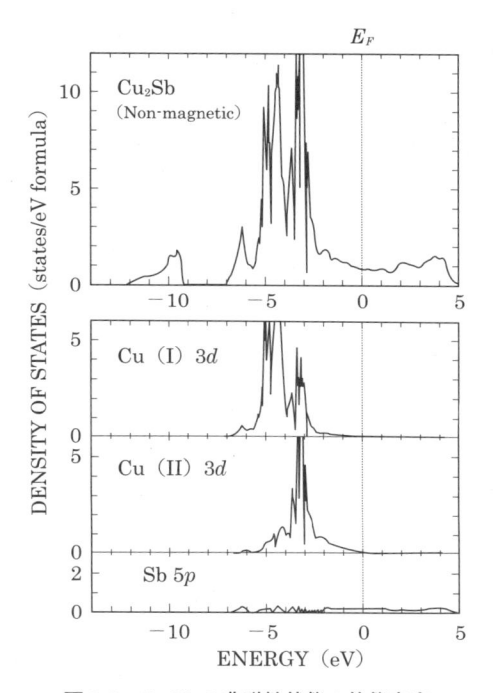

図3-3　Cu$_2$Sb の非磁性状態の状態密度

2) Mn$_2$Sb のフェリ状態

バンド計算で得られた状態密度を図3-4に示す．Mn(I) と Mn(II) の 3d, Sb の 5p からの寄与（マフィンティン球内）も示されている．上向きスピンと下向きスピンバンドの状態密度の形は非磁性状態のものと大きく異なっていて，スピン分裂は非磁性バンドの rigid な分裂として表わすことは出来ない．M(II) サイトを占める Mn が主成分のバンドは大きなスピン分裂を示しているのに対して，M(I) サイトの Mn が主成分のバンドのスピン分裂は小さい．このことを反映して表3-1に示すように Mn(II) の磁気モーメントは Mn(I) のそれに比べて大きい．Sb-サイトには Mn(II) のモーメントと平行に小さい磁気モーメントが誘起されている．全磁気モーメント，Mn(I), Mn(II) の磁気モーメントの理論値と測定値の一致は極めてよい．

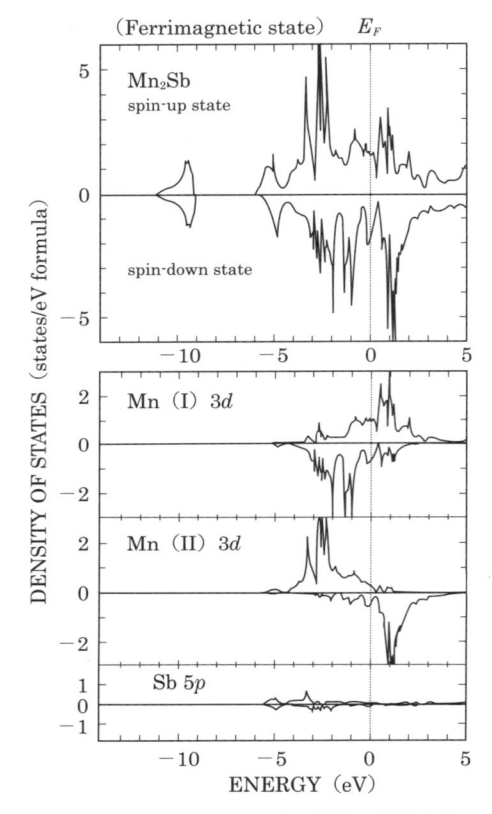

図 3-4　**Mn$_2$Sb のフェリ磁性状態の状態密度**

Mn$_2$Sb のフェリ状態のバンド計算は Haas のグループが ASW 法で［3-5, 3-6］, Kulatov が LMTO 法で行っている. 得られた状態密度の全体的な描像は上記の結果と変わらない.

3）　MnAlGe, MnGaGe の強磁性状態[*2]

これらの物質では M(I) サイトを占める Mn の面が Al（または Ga）と Ge の面で隔てられているので二次元性が強いと考えられる. 測定で得られた磁気モーメントの値は Mn が局在スピンを持つとした場合に比べてはるかに小さい

[*2]　実験編 3-7-3 を参照のこと.

ので，これらの物質は2次元性の強い遍歴強磁性体である．バンド計算から得られた強磁性状態の状態密度を図3-5に示す．MnAlGeとMnGaGeの状態密度は似通っている．Mnのdバンドのみが大きなスピン分裂を示す．Mnのd軌道とAl（Ga）およびGeのp軌道との混成は小さい．表3-1に示したMnAlGeの全磁気モーメントは測定値とよく一致しているが，MnGaGeでは一致はさほどよくない．計算結果ではAl（Ga）とGe-サイトに非常に小さな磁気モーメントがMnの磁気モーメントと逆向きに誘起されている．

両物質の強磁性状態でのフェルミ面を求めた結果では，下向きスピンバンドのフェルミ面は3つの部分からできている：Z軸の周りの円筒状のホール面と

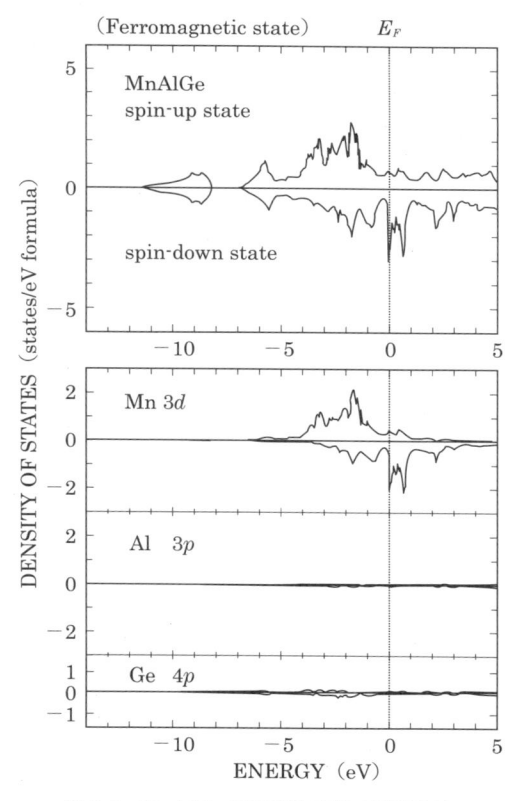

図3-5 MnAlGeの強磁性状態の状態密度

164 理論編 第2部 Cu₂Sb 型化合物の電子帯構造と遍歴磁性理論

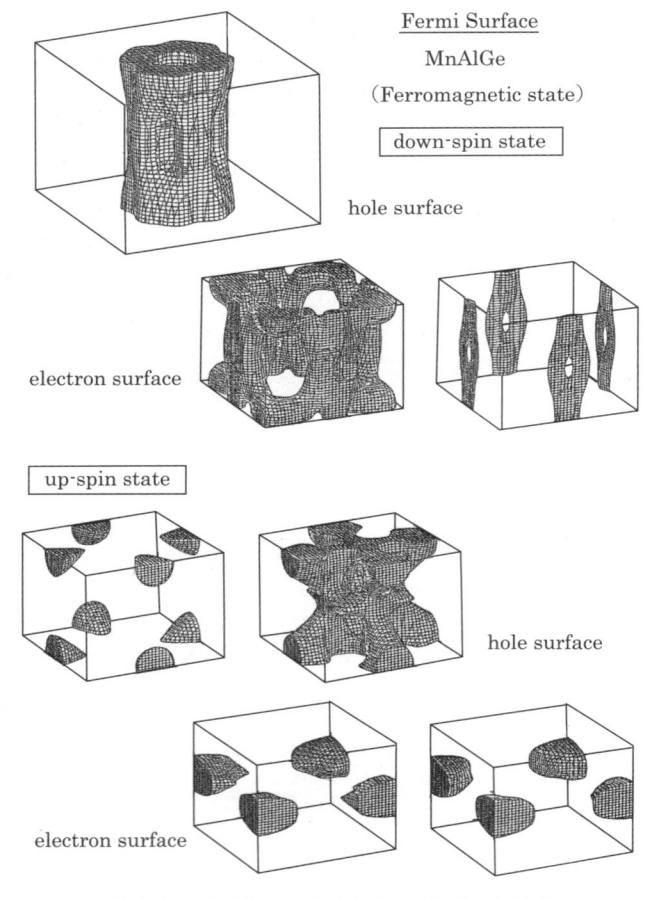

Fermi Surface
MnAlGe
(Ferromagnetic state)

down-spin state

hole surface

electron surface

up-spin state

hole surface

electron surface

図 3-6　**MnAlGe の強磁性バンドのフェルミ面**

2つの電子面．上向きスピンバンドのフェルミ面は4つの部分からできている：R 点のまわりの小さなホールポケット，大きなホール面，M 点付近の2種の電子ポケット．フェルミレベルでの状態密度に大きく寄与している下向きスピンバンドのフェルミ面の強い2次元性は，種々の輸送現象に異方性として反映されるはずで，電気抵抗などの測定が望まれる．

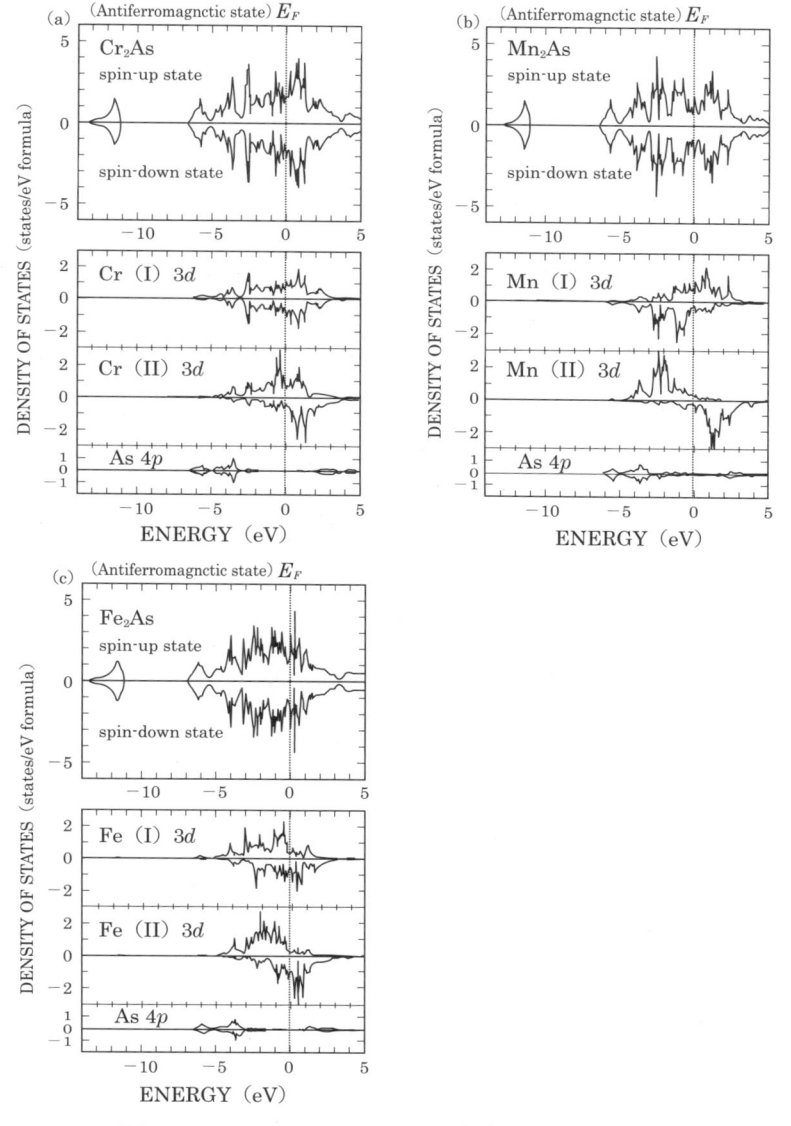

図 3-7　Cr$_2$As，Mn$_2$As，Fe$_2$As の反強磁性状態の状態密度

4) Cr$_2$As, Mn$_2$As, Fe$_2$As の反強磁性状態

各物質の反強磁性磁気配列に対してバンド計算がなされている．測定によれば，Cr$_2$As では同じ c 面内の 2 つの Cr 原子（1, 2）の磁気モーメントの向きが逆なので，お互いに同等ではないが，Mn$_2$As と Fe$_2$As では 1, 2 の磁気モーメントの向きが同じなので同等とみなせる．また最隣接の M(I) と M(II) の磁気モーメントは Mn$_2$As では反平行で，Fe$_2$As では平行である．

図 3-7 に全状態密度と部分状態密度を示す．Cr$_2$As では Cr(II) 3d の上向きスピン，下向きスピンバンドのエネルギー分裂は約 1eV で Mn$_2$As, Fe$_2$As に比べて小さく，Cr(I) ではバンド分裂はほとんどない．Fe$_2$As と Mn$_2$As に注目すると，M(I) 3d と M(II) 3d の混成は Mn$_2$As では Fe$_2$As に比べて弱い．各物質の磁気モーメントの計算結果を表 3-1 に示す．いずれの物質でも M(II) のモーメントは M(I) のそれより大きい．Cr$_2$As と Fe$_2$As では計算値と測定値の一致はよいが Mn$_2$As では計算値は測定値より小さく一致はあまりよくない．

参考文献

[3-1] T. Chônan, A. Yamada and K. Motizuki, *J. Phys. Soc. Jpn.* **60** (1991) 1638.
[3-2] T. Ito, M. Shirai and K. Motizuki, *J. Phys. Soc. Jpn.* **61** (1992) 2202.
[3-3] M. Suzuki, M. Shirai and K. Motizuki, *J. Phys.: Condens. Matter* **4** (1992) L33.
[3-4] K. Motizuki, T. Korenari and M. Shirai, *J. Magn. Magn. Mat.* **104-107** (1992) 1923.
[3-5] J. H. Wijngaard, C. Haas and R. A. de Groot, *Phys. Rev.* B **45** (1992) 5395.
[3-6] C. Haas and R. A. de Groot, *Recent Advances in Magnetism of Transition Metal Compounds*, ed. A. Kotani and N. Suzuki (World Scientific, 1993) p. 78.

第4章

光電子分光，逆光電子分光

　光電子分光の測定によりフェルミレベル以下の状態密度を，逆光電子分光によりフェルミレベル以上の状態密度を直接知ることができる．菅と木村らは Cu_2As, Mn_2As, Fe_2As, MnAlGe, MnGaGe の測定を行っている［4-1, 4-2］．結果を図4-1に示す．比較のためにバンド計算から得た上向きスピンバンドの

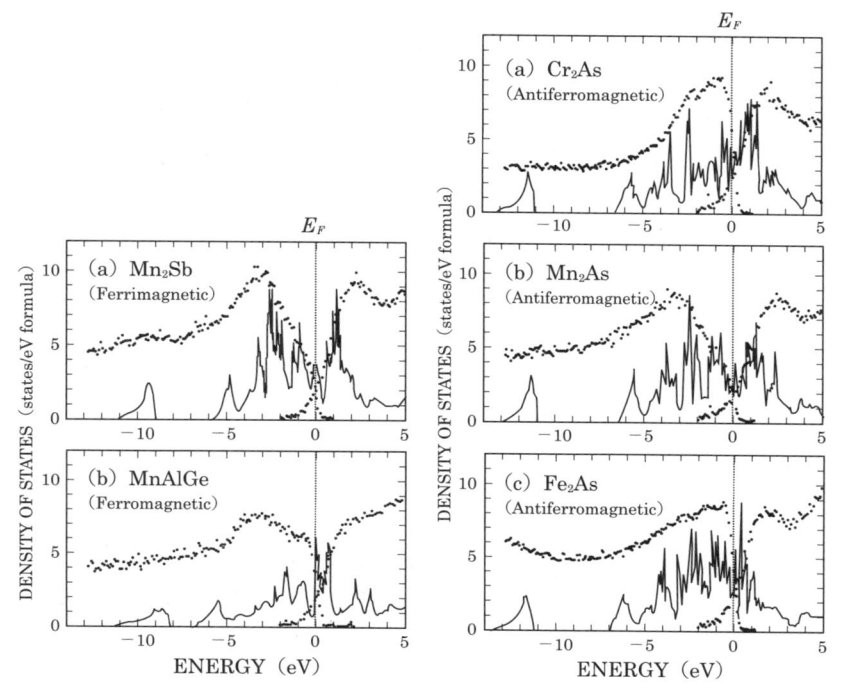

図4-1　Cu_2Sb 型化合物の光電子分光，逆光電子分光スペクトルとバンド計算で得られた状態密度．

状態密度と下向きスピンバンドの状態密度の和を同図に示す［4-3］．スペクトルの全体的な形は状態密度の計算結果とよく対応している．Mn$_2$Sb のスペクトルはフェルミレベル以下 3eV のエネルギー領域とフェルミレベル以上 2eV のエネルギー領域に顕著なピークを示している．これに反して MnAlGe では顕著なピークは見られず幅の広いスペクトルがフェルミレベル以下に 4.5eV の幅でひろがっている．Mn$_2$Sb と MnAlGe のスペクトルの違いは，Mn$_2$Sb では Mn(I) サイトを占める Mn の部分状態密度がピークを持つエネルギー領域の低エネルギー側に，Mn(II) サイトを占める Mn の部分状態密度のピークが存在していることによるものである．

Cr$_2$As，Mn$_2$As，Fe$_2$As のスペクトルを比較すると Cr$_2$As と Fe$_2$As ではフェルミレベル上下に見られるピークのエネルギー間隔が Mn$_2$As のそれに比べて小さいといえる．

参考文献

[4-1] A. Kimura, S. Suga, H. Matsubara, T. Matsushima, Y. Saito, H. Daimon, T. Kaneko and T. Kanomata, *Solid State Commun.* **81** (1992) 707.

[4-2] S. Suga and A. Kimura, *Recent Advances in Magnetism of Transition Metal Compounds*, ed. A. Kotani and N. Suzuki (World Scientific, 1993) p. 91.

[4-3] M. Suzuki, M. Shirai and K. Motizuki, *J. Phys.: Condens. Matter* **4** (1992) L33.

第5章

Cu$_2$Sb 型化合物の磁気配列

　Cu$_2$Sb 型化合物は単位胞に 4 つの磁性原子を含む．表 1-2 に示されているように磁性原子の種類の違いによって多彩な磁気配列が観測されている．望月グループでは磁性原子の違いによる磁気配列の違いをバンド構造に基づいて遍歴電子の立場で統一的に理解することを試みている．方法は本書の理論編第 1 部

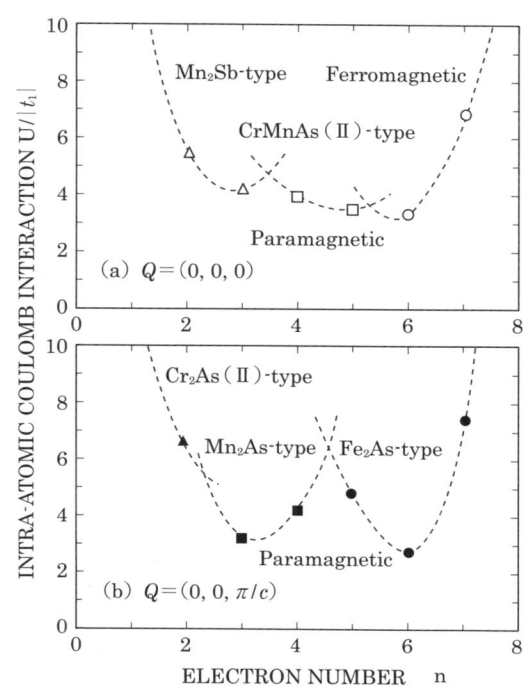

図 5-1　Cu$_2$Sb 型化合物の磁気構造．△，□，○などの記号は計算値．

6章に示したものと同様で，非磁性状態の不安定性を調べる．理論の具体的な表式は望月―鈴木による『固体の電子状態と磁性』(大学教育出版) に詳しく記されているので参照されたい．ここでは得られた結果のみを記す．

図5-1は $Q=(0, 0, 0)$，$Q=(0, 0, \pi/c)$ のそれぞれの場合について得られた磁気相図である．横軸は平均の電子数，縦軸が原子内クーロン相互作用 U を t_1 ではかった量である．t_1 はトランスファー積分を表わす．$Q=(0, 0, 0)$ の場合には Mn_2Sb 型，$CrMnAs(II)$ 型，強磁性配列が理論的に可能で，$Q=(0, 0, \pi/c)$ の場合には $Cr_2As(II)$ 型，Mn_2As 型，Fe_2As 型配列が可能であるという結果を得た．これらの磁気配列は実際に観測されているものとよく対応している．点線で示したカーブはそれぞれの磁気配列に対して電子数の関数として求めた U の臨界値 U_c (t_1 で測る) を表す．$U \geq U_c$ のときそれぞれの磁気オーダーが生じる．

参考図書

本書の内容についての一般的な参考図書として次のものを挙げておく.

A. Landolt-Börnstein III/27a, eds. K. Adachi and S. Ogawa (Springer Berlin, 1989)：1988 年以前の 3d-pnictides の磁性に関する多数の実験データが収録されている.
B. 化合物磁性（局在電子系，遍歴電子系の 2 分冊）安達健五 著（裳華房，1996）：磁性の基礎的な事柄に加えて，広範囲にわたる化合物磁性が実験結果と共に解説されている.
C. 固体の電子状態と磁性 望月和子，鈴木直 著（大学教育出版，2003）.
D. 量子物理，望月和子 著（オーム社，1974）.
E. Structural Phase Transition in Layered Transition Compounds, K. Motizuki and N. Suzuki, D. Reidel Publishing Company Series in Layered Structure (Dordrecht, Reidel, 1986).
F. Spin Fluctuations in Itinerant Electron Magnetism, T. Moriya, Springer Series in Solid-State Science 56 (Springer-Verlag, 1985).
G. Recent Advances in Magnetism of Transition Metal Compounds, ed. A. Kotani and N. Suzuki (World Scientific, 1993).

索　引

アルファベット

APW 法　*88, 91-94, 98-100, 117, 127, 134, 141, 147, 151, 157*
ASW 法　*88, 94, 162*
Barth-Hedin の式　*88, 91, 108*
Bean-Rodbell の理論　*20, 22-30, 39-42, 44, 81*
bulk modulus　*135*
CPA 近似　*117, 121*
Cu_2Sb 型構造　*3, 9, 154*
exchange inversion model　*68*
FLAPW 法　*88, 91, 92, 94, 95, 127, 134, 157*
FP-LMTO 法　*101*
GGA 近似　→　一般化密度勾配近似
Gunnarsson-Lundqvist の式　*88, 91, 92, 99, 127, 157*
LAPW 法　→　FLAPW 法
LDA 近似　→　局所密度汎関数近似
LMTO 法　*88, 89, 91, 92, 94, 100, 108, 109*
MnP 型構造　*3, 6-9, 20, 30, 31, 148*
NiAs 型構造　*3, 6, 7, 20, 90, 148*
RKKY 相互作用　*75*
Stratonovich-Hubbard 変換　*116*
Vosko, Wilk, Nussair の式　*101*
XPS　*94, 111*

【あ行】

圧縮率　*23, 43, 135*
圧力誘起相転移　*135*
1 次転移　*20, 24, 29, 31, 38, 41, 44, 48, 55, 56, 61, 62, 64, 67, 68, 72, 76, 83, 119*
一般化感受率　*147*
一般化密度勾配近似　*89, 100, 126*
エントロピー　*23, 50-52*

【か行】

基準座標　*147*
規約表現　*148*
キュリー温度　*14, 20, 23, 38, 43, 61, 64, 75*
キュリー・ワイス　*30, 47, 55, 61, 64, 76, 114, 117, 123*
強磁性－常磁性転移　*41*
強磁性－反強磁性転移　*134*
行列要素　*148*
局在モーメント　*29, 48, 115*
局在モデル　*29, 39, 43*
局所密度汎関数近似　*88, 92, 98, 126, 127, 157*
局所モーメント　*117-119*
クーロン積分　*116*
クーロン相互作用　*139, 141, 145, 170*
久保公式　*108*
グリーン関数　*121*
グリーン関数法　*91*
グリュナイゼンの関係式　*58*
結合軌道　*91*
結合バンド　*104, 159*
結晶構造
　　Cu_2Sb 型構造の－　*9-10, 154*
　　MnP 型構造の－　*7-9, 148*
　　NiAs 型構造の－　*6, 90, 148*
結晶パラメータ

索引　173

　　Cu$_2$Sb 型化合物の― 　155
　　MnP 型化合物の― 　9
ケミカルポテンシャル 　116, 121
光学伝導率 　109, 110
交換エネルギー 　23
交換積分 　116
交換相関相互作用 　88, 91, 99, 108, 127, 128, 157
交換相互作用 　27, 29, 38, 40, 43, 66, 68, 73, 74
格子振動 　49
構造相転移 　30, 35, 36, 115, 146-152
光電子分光 　167
光電子放射 　128

【さ行】

磁化過程 　15, 21, 34, 35, 42, 45, 115
磁化曲線 　25, 26, 32, 46, 49
磁化測定 　32
磁気エントロピー 　23, 48-52, 61, 70
磁気記録 　54, 77
磁気構造
　　Cu$_2$Sb 型化合物の― 　16, 155, 169
磁気状態図
　　MnP の― 　19
磁気相転移 　106, 134
磁気体積効果 　23, 24, 27, 48, 56, 58
磁気モーメント
　　CrAs の― 　56, 57, 59, 65, 100
　　CrAs$_{1-x}$Sb$_x$ の― 　57, 60, 64
　　CrP の― 　100
　　CrSb の― 　57, 65, 100
　　CrTe の― 　136
　　Cu$_2$Sb 型化合物の― 　155
　　FeAs の― 　139

MnAlGe の― 　76
MnAs の― 　20, 93, 114
MnAs$_{1-x}$P$_x$ の― 　31-34
MnAs$_{1-x}$Sb$_x$ の― 　38
MnBi の― 　53
MnP の― 　20, 31
MnSb の― 　10, 94
MnTi$_{1-x}$As$_x$ の― 　48
磁気冷凍 　48, 51
自発磁化 　10, 20, 25-28, 47, 48, 67, 68, 76
自由エネルギー 　23, 24, 61, 62, 70, 71, 81-83, 116, 120, 147, 148
焼結法 　4
状態密度
　　CoAs の― 　99, 100
　　CrAs の― 　102, 103
　　Cr$_2$As の― 　159
　　CrP の― 　102
　　CrSb の― 　102, 103
　　Cu$_2$As の― 　161
　　FeAs の― 　100
　　Fe$_2$As の― 　159
　　Mn$_2$As の― 　159
　　Mn$_2$Sb の― 　159
　　MnAlGe の― 　163
　　MnGaGe の― 　163
　　NiAs の― 　128
　　NiSb の― 　128
　　強磁性 MnAs の― 　93, 95, 109
　　強磁性 MnSb の― 　109, 111
　　反強磁性 CrSb の― 　104
　　反強磁性 Cr$_2$As の― 　165
　　反強磁性 Fe$_2$As の― 　165
　　反強磁性 Mn$_2$As の― 　165

非磁性 MnAs の－　91, 92
　　フェリ磁性 Mn$_2$Sb の－　162
磁歪　23, 24, 35, 36, 39-41, 59, 63, 64,
　　69, 70, 72
スピン軌道相互作用　88, 108, 111, 127,
　　157
スピングラス　47
スピンのゆらぎ　98, 99, 114-125
スピン密度波　142-145
ゼーマンエネルギー　23, 81
積分状態密度
　　強磁性 CrTe の－　107
　　強磁性 MnAs の－　96
セルフエネルギー　121
線形応答　108, 140
双極子近似　108
相対論効果　88, 108, 157
相転移　15, 16, 30

【た行】
帯磁率
　　CoAs の－　123, 124
　　CrAs$_{1-x}$Sb$_x$ の－　60, 66
　　CrAs の－　54
　　CrP の－　66, 100
　　CrSb の－　66
　　FeAs の－　123
　　MnAs$_{1-x}$P$_x$ の－　32
　　MnAs の－　20, 118
　　MnBi の－　54
　　MnP の－　20
　　MnTi$_{1-x}$As$_x$ の－　47
体積変化　23, 27, 114, 121
単純六方構造　6
弾性エネルギー　23, 36, 58, 63, 70

弾性係数　36
断熱過程　51
中性子回折　32, 55, 63, 65, 93, 115
超交換相互作用　75
適合関係　148, 151
電荷分布
　　強磁性 MnAs の－　97
電子圧力　135
電子格子相互作用　128, 146-152
電子相関　115
電子比熱　94, 128
伝導電子　75
等温過程　50, 51
ド・ハース-ファン・アルフェン振動　126-
　　133
トランスファー積分　116, 139, 170
ドルーデ項　108

【な行】
2次転移　24, 43-45, 48, 49, 119
2重ラセン構造　14, 15, 19, 31, 33, 54, 57,
　　62, 64, 65, 98, 100, 105, 138-145
ネール温度　14, 27, 31, 59, 60
ネスティング　98, 129
熱膨張曲線　59
熱膨張係数　21, 36, 73

【は行】
ハートリー-フォック近似　119, 121, 139
パウリ常磁率　16, 17, 47, 61, 123
ハバード ハミルトニアン　115, 138, 139
汎関数積分　116
反強磁性－フェリ磁性転移　66-74, 76
反結合軌道　91
反結合バンド　104, 159

反磁性　*16, 17*
光吸収　*108*
非結合バンド　*159*
非磁性　*47*
ヒステリシス　*25, 26, 29, 44, 45, 69, 72-74, 76, 77, 115*
歪パラメター　*8*
不安定性
　　NiAs 方構造の－　*146*
　　非磁性状態の－　*138-145, 170*
フェルミエネルギー　*66, 104, 119*
フェルミ分布関数　*108, 121, 143*
フェルミ面　*98, 99, 126-133, 141, 163, 164*
　　NiAs の－　*129*
　　NiSb の－　*131*
　　MnAlGe の－　*164*
フォノン　*147*
ブリルアン関数　*24, 81*
ブリルアン帯域
　　NiAs 型構造の－　*90*
　　Cu_2Sb 型構造の－　*154*
分極ベクトル　*147*
分散曲線
　　CoAs の－　*152*
　　CrAs の－　*149*
　　CrSb の－　*149*
　　Cr_2As の－　*158*
　　MnAs の－　*91, 149*
　　MnSb の－　*149*
　　NiAs の－　*127*

NiSb の－　*127*
分子場近似　*61*
分子場係数　*23, 69*
分配関数　*116*
粉末冶金法　*4*
変位パラメター
　　MnP 型構造の－　*7, 8*
遍歴電子　*21, 30, 33, 44, 46, 62, 68, 91, 115, 120, 138, 151, 157, 158, 169*
包晶　*54*
飽和磁化　*32, 33*
ボルツマン定数　*23*
ボンド　*95, 106*
ボンド・オーダー　*159*

【ま行】

マフィンティンポテンシャル　*88, 92, 93, 94, 98, 108*
メタ磁性　*15, 21, 22, 25-27, 31, 34-38, 41, 42, 45, 49, 115*
モード・モード結合　*117, 124*
モデル状態密度　*117, 124*

【や行】

有効ボーア磁子　*32, 47, 55, 76*
誘電関数　*108*
容易軸　*10, 54, 75*

【ら行】

臨界格子定数　*57*
六方最密構造　*4, 6*

著者略歴

望月　和子　（もちづき　かずこ）（1928年－2007年）
 1953年　　大阪大学理学部物理学科卒業
 1959年　　理学博士
 1964年　　大阪大学基礎工学部助教授
 1985年　　大阪大学基礎工学部教授
 1992年　　信州大学理学部教授
 1994年　　岡山理科大学理学部教授

井門　秀秋　（いど　ひであき）
 1962年　　東北大学理学部物理学科卒業
 1967年　　東北大学理学部物理学科博士課程修了，理学博士
 1967年　　東北学院大学工学部助教授
 1982年　　同　教授
 2006年3月　同　定年退職
 2006年4月～同　非常勤講師

伊藤　忠栄　（いとう　ただえい）
 1966年　　東北学院大学工学部応用物理学科卒業
 1968年　　東北学院大学大学院工学研究科応用物理学専攻修了
 　　　　　東北学院大学助手
 1973年　　東北学院大学講師
 1983年　　東北学院大学助教授
 1996年　　博士（工学）
 1996年　　東北学院大学工学部教授

森藤　正人　（もりふじ　まさと）
 1985年　　大阪大学基礎工学部物性物理工学科卒業
 1990年　　大阪大学大学院基礎工学研究科修了，博士（工学）
 2007年　　大阪大学大学院工学研究科電気電子情報工学専攻助教

金属間化合物の電子構造と磁性
―3*d*-pnictides を中心として―

2007 年 6 月 18 日　初版第 1 刷発行

- ■著　　者——望月和子／井門秀秋／伊藤忠栄／森藤正人
- ■発 行 者——佐藤　守
- ■発 行 所——株式会社 大学教育出版
　　　　　　　〒700-0953 岡山市西市 855-4
　　　　　　　電話 (086) 244-1268　FAX (086) 246-0294
- ■印刷製本——モリモト印刷 ㈱
- ■装　　丁——リンズ・スタジオ

© 2007, Printed in Japan
検印省略　　落丁・乱丁本はお取り替えいたします。
無断で本書の一部または全部を複写・複製することは禁じられています。
ISBN978-4-88730-769-8